# 中国智慧能源产业发展报告 2018—2019

中国智慧能源产业技术创新战略联盟
中关村国标节能低碳技术研究院 编著

中国质量标准出版传媒有限公司
中国标准出版社

北京

**图书在版编目（CIP）数据**

中国智慧能源产业发展报告. 2018—2019/ 中国智慧能源产业技术创新战略联盟，中关村国标节能低碳技术研究院编著. —北京：中国质量标准出版传媒有限公司，2020.6

ISBN 978-7-5026-4769-8

Ⅰ. ①中…　Ⅱ. ①中… ②中…　Ⅲ. ①能源发展—产业发展—研究报告—中国—2018－2019　Ⅳ. ① F426.2

中国版本图书馆 CIP 数据核字（2020）第 058824 号

中国质量标准出版传媒有限公司<br>中　国　标　准　出　版　社　出版发行

北京市朝阳区和平里西街甲 2 号（100029）

北京市西城区三里河北街 16 号（100045）

网址：www.spc.net.cn

总编室：(010) 68533533　发行中心：(010) 51780238

读者服务部：(010) 68523946

中国标准出版社秦皇岛印刷厂印刷

各地新华书店经销

*

开本 787 × 1092　1/16　印张 9.5　字数 174 千字

2020 年 6 月第一版　　2020 年 6 月第一次印刷

*

定价：68.00 元

**编写人员**（按姓氏拼音首字母排序）

丛　威　崔　华　高　峰　韩飞舟　何　英　李俊峰

刘建平　裴庆冰　单葆国　仝晓波　王健夫　王克娇

王晓飞　王永真　赵旭东　张　昕　张　靖　郑忠海

# 中国智慧能源产业技术创新战略联盟简介

中国智慧能源产业技术创新战略联盟（下称“联盟”）成立于2013年，由最早一批对智慧能源有着敏感认知、前沿思维和创新精神的专家、企业和团体组成，是我国第一个，也是唯一一个以推动智慧能源产业创新发展为己任和奋斗目标的公益平台。

在中央发出能源革命的动员令和“互联网＋”智慧能源行动计划的前夜，联盟从产业实践、理论探索和宣传推动三个方面，率先开始了智慧能源产业创新的征程。联盟以多个“第一”的创举，走在了中国智慧能源产业创新发展的前列。

随着国务院及国家发展改革委等部门发出关于“互联网＋”智慧能源发展指导意见、推进多能互补集成优化示范工程的部署，智慧能源工作在全国蓬勃展开，联盟以先发优势获得了丰硕的创新成果，开创了领先的发展布局，成为中国智能源产业创新的前沿力量。联盟关于智慧能源产业链构建、产业制度研究和标准化体系建设的硕果累累，为智慧能源产业的未来奠定了坚实基础。

进入新阶段以来，联盟以新的阵容、新的思维全面发力：在发展战略上，从储能技术、分布式及光伏、多能互补及智能微网、电力零售、产融结合、能源计量与物联、能源大数据等领域布局，构建智慧能源产业发展生态。在推进方式上，建立综合推动平台，定期举办智慧能源产业创新系列论坛、沙龙、智慧能源大讲堂、中国能源互联网大会和智慧能源产业博览会等，解决智慧能源的理论思维、技术路径、产业链接、成果推广、专题方案、标准创新、资源整合等问题。在实施体系上，成立了智慧能源产业技术研究中心，筹建了以领域权威专家为主体的储能技术、节能技术、智能微网等专业技术委员会，连接了5个智慧能源产业技术实验基地，具有强大的专业研究和实验能力。

在领先的创新思维、雄厚的服务能力、丰富的实践经验以及智慧能源产业强劲的发展动能的基础上，中国智慧能源产业技术创新战略联盟满怀信心，走向未来。

从辛勤拓荒到满园春色，从艰难探索到走上阳光大道，中国智慧能源产业技术创新战略联盟以开放的胸怀和勇敢的担当，为推动中国能源革命和智慧能源产业发展不断做出新的贡献。

# 序

由中国智慧能源产业技术创新战略联盟发起并作为编著单位之一的《中国智慧能源产业发展报告2018—2019》，是联盟成立以来发布的第五份报告。2013年11月联盟成立的时候，就把按年度发布《中国智慧能源产业发展报告》作为一项重要任务写入了章程。这样做的目的不仅是记录智慧能源由一个概念转化为一个产业的成长过程，而且是为了总结经验，交流科研成果，推广技术创新，推动产业发展，促进能源转型，归根结底是推进能源革命。

本期的报告有两个显著特点，一是编写的队伍变了。前几期只是由联盟秘书处的少数工作人员亲自动手，由于人员和精力所限，常常挂一漏万。这一次是由《人民日报》旗下的《中国能源报》全员出手，编写者经验丰富、视野宽阔，更具有权威性和代表性。二是参与的角色变了。前几年，参与智慧能源产业创新实践的多数为中小企业，且以民营企业为主，我曾经开玩笑说这是“农村包围城市”。经过几年的发展，已经有许多知名企业以及大学和科研单位陆续加入这个行列，使得智慧能源产业创新后浪推前浪，展现出一幅波澜壮阔的发展场景。

数据表明，2014年全国从事智慧能源相关事业的企业只有3667家，到2019年年底已增加到39174家。可见这一产业为中国的经济增长做出了很大的贡献。

更为重要的是，智慧能源产业创新在应对全球气候变化方面也做出了贡献。不久前，联合国气候变化大会刚刚在西班牙马德里闭幕。世界气象组织（WMO）的最新发现指出，过去五年是有记录以来最热的五年。根据报告，大气中的二氧化碳浓度已上升到过去300万年至500万年来未曾见过的水平。为此，联合国秘书长古特雷斯发出警告，全球变暖即将步入临界点，呼吁人类面对现实，与地球“停战”。

另据新华社报道，经初步核算，2018年中国国内生产总值（GDP）二氧化碳排放量比上年下降4.0%，比2005年累计下降45.8%，相当于减排52.6亿吨二氧化碳，非化石能源比重达到了14.3%，基本扭转了二氧化碳排放快速增长的局面。

这是一个鲜明的对比，彰显了中国对全球应对气候变化的贡献。

众所周知，智慧能源产业创新追求的目标就是低碳零碳，我们难道不该为自己做出的贡献有一点小小的自豪吗?

加油！智慧能源产业创新的事业还在路上。

王忠敏

2019 年 12 月

# 前　言

智慧能源产业的发展壮大，离不开科技进步和产业的创新发展、实践引领，进而推动智慧能源从理论走向实践。

近年来，受国家层面利好政策因素推动，我国从事智慧能源产业的企业数量大幅增加，智慧能源行业得以快速发展。依靠先进的云计算、物联网、大数据、移动互联、人工智能与区块链等信息技术手段，无论电力电网、油气、煤等传统能源企业，还是风电、光伏、储能、电动汽车等新兴、可再生能源企业，乃至区域供热、供冷行业相关企业纷纷瞄准这一历史发展机遇，从新能源生产与消纳、节能减排、智慧信息化和新技术推广应用等需求出发，推出各具特色的智慧能源解决方案，致力于成为各自领域的智慧能源产业实践领航者。值得注意的是，互联网公司已通过"互联网+"的形式积极向能源领域"跨界"。

中国智慧能源产业技术创新战略联盟自2014年推出首份《中国智慧能源产业发展报告》以来，深入总结分析智慧能源产业发展现状和未来，聚焦智慧能源前沿技术和示范案例，受到行业广泛认可，为推动产业发展发挥了重要的咨询、参考价值。本期报告主要聚焦于分析智慧能源产业发展现状、挑战、特征以及产业趋势展望，并提出相关发展建议。报告重点回顾、总结了智能电网、分布式能源、电动汽车与储能、节能服务与合同能源管理、用能权交易、碳交易体系建设等重点相关领域的发展，并汇集了国内部分智慧能源企业代表及重点项目案例。

概括而言，报告认为，智慧能源是以电力系统为核心，多种类型能源在物理网络上互联互通，充分利用互联网思维和物联网技术，实现横向多能互补，纵向"源—网—荷—储"协调优化，具备全面互联、全面感知、全面智能、全面协同等特征的新型能源生态体系。

这样的新型能源生态体系体现了新时代下信息化技术对传统运维管理的革新，一方面需要满足新能源生产与消纳的需求，另一方面在提高新能源消纳比例的同时，实现传统能源的节能减排要求，适应分布式电源、电动汽车、物联网技术的发展，实现能源技术革命，推动能源产业转型升级。

报告同时认为，对照智慧能源产业发展所具有的“电为核心与枢纽、互联互通为基本特征、提高非化石能源消费比重为目标”三个基本属性，全球能源互联网与智慧能源产业在理念上完全吻合。能源互联网是实现智慧能源产业发展的阶段性现实方案，智慧能源产业发展是全球能源互联网实现的有效支撑和重要组成部分。

值得关注的是，目前，在全球能源互联网的发展框架下，已经出现以促进清洁能源发电技术不断进步、促进智能电网技术广泛应用、提高能源产业综合竞争力为综合效益，以及凝聚全球共识提高全球电网水平、促进清洁发展和应对气候变化方面多边合作的案例探索，如电网与通信网融合发展案例、远距离输电解决大规模水电送出消纳案例，以及全球能源互联网创新区域经济发展模式案例。

当前，智慧能源产业在全球范围内仍处于实验探索阶段，其作为未来能源体系的发展方向，将极大地冲击传统的行业、市场和管理体制，政府、高校以及相关产业集团应采取科学有序的步骤开展相关工作。为应对产业未来发展面临的全国资源配置能力、技术不断更新迭代，系统灵活控制要求增强，信息安全风险增加，政策监管趋严等挑战，本报告认为：

国家政策支持层面。应当超前引导市场，通过建立健全能源法律体系、电力规划设计体系以及制定满足能源系统未来数十年发展的政策法规、技术路线和相应的激励机制等，逐步建成有效竞争的市场结构和市场体系，进而建立符合中国国情的能源互联网体系，推动智慧能源市场稳步发展。

技术发展层面。亟待突破的领域包括建立健全网、源协调发展机制，加强多能源互联和优化互补，构建可靠、高效的信息通信平台等。此外，能源路由器、柔性输配电技术、高效储能技术、智能化控制技术、远程监测与诊断技术、“云计算”和“大数据”等一系列关键技术在能源系统中的应用均需要集中力量进行攻关和研发，并能够在实际建设过程中得到顺利推广和应用。

企业实践层面。通过大量的技术研发和项目实践，在智慧能源技术供应商形成行业竞争力后，将通过技术能力外溢服务全体能源行业发展。智慧能源的应用场景“千人千面”，业务组织灵活，但其底层技术根源相通。为避免缺乏统筹机制导致的重复建设、标准不统一等问题，需要整合发展资源，实现知识经验共享，推动跨产业协同创新。

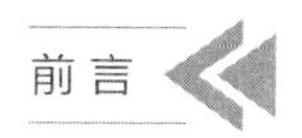

综上，根据埃森哲发布的《中国能源互联网商业生态展望》预测，到2020年中国能源互联网的总体市场规模将超过9400亿美元，约占当年GDP的7%。全球能源互联网发展合作组织也曾预测，到2050年全球能源互联网累计投资将超过50万亿美元。相关投资领域涉及新能源、储能、特高压、配电网自动化、智能信息化、分布式微电网，以及综合能源服务、售电平台建设等能源服务领域。目前，我国已有超过300个城市启动了智慧城市的规划和建设，为智慧能源产业的发展提供了综合的平台和政策支持。与此同时，“一带一路”建设又为能源互联骨干网提供了广阔的发展空间和国际市场。智慧能源产业大有可为，大有作为。

报告编写组

2019年12月

# 目 录

# 第1章　智慧能源产业发展背景综述

随着全球进入互联网和数字经济时代，新的经济形态、经济模式正在形成，互联网和智慧科技逐步成为价值再造的核心要素以及推动经济发展的新动能。在能源领域，信息技术、数字技术和能源产业将会深度融合，将对整个社会产生深远影响。

在能源生产方面：一是能源生产逐渐清洁化，以太阳能、风能、水能为主的新能源取代化石能源；二是能源生产逐渐多样化，各种能源分布式、大面积接入能源网；三是能源生产逐渐低成本化，未来每个社会成员都可能既是能源的生产者，又是能源的消费者。

在能源传输方面：一是能源系统将大范围互联互通，解决区域性、季节性差异和电能不能大规模储存的问题；二是能源分配将智能化、无人化，解决目前能源传输和转运过程中消耗人力物力的问题；三是能源商品属性进一步增强，能源安全等关注度将逐步降低。

在能源消费方面：一是移动化趋势加强，以储能、大容量电池等的广泛应用为代表；二是物联网化趋势更加明显，已有的能源传输体系网络将升级为泛在电力物联网；三是能源共享经济将深度发展，人既是能源生产者，又是能源消费者，共享能源基础设施将成为新的经济形态。

能源革命将进入新的阶段，数字革命和能源革命不断融合，催生了智慧能源产业，并可能导致另一场工业革命。本报告主要阐述智慧能源产业和能源互联网的发展趋势。

## 1.1　智慧能源产业背景、概念与发展趋势

### 1.1.1　能源发展的外部环境与趋势

从发展趋势来看，目前能源行业正面临着市场、技术以及社会发展等多方面外

部环境的深层次影响，集中体现为以下几个方面：

一是能源市场结构由生产主导向消费主导转变。随着能源生产能力的提高，能源生产成本的降低，能源逐渐由短缺的战略性物资转变为可供市场竞争、供消费者选择的普通商品。随着能源行业市场化改革的深入，供给侧市场竞争日趋激烈。

二是能源发展的国际化属性逐步增强。能源领域国际合作逐步加深，商品化趋势加强。围绕能源资源、技术、交易及投资等领域的国际合作日益加强，能源市场的边界越来越呈现国际化属性，跨越国境、全球范围的国际能源合作更加频发，并逐渐成为常态。

三是能源消费的多元化、清洁化需求明显。终端能源消费对能源产品的差异化、绿色便捷和节能要求以及对能源服务的精细化水平的要求日渐提高。整体上，能源消费的清洁化趋势在加强，传统化石能源开发获得的支持将越来越少。个体方面，能源消费的移动化趋势加强，以电动车为代表的能源需求进一步增加。

绿色金融成为各银行业支持基础设施的重要原则。2019 年 9 月 22 日，为大力加强气候行动，推进可持续发展，联合国携手全球领先的各大银行发布了《负责任银行原则》，共有 130 家、代表着超过 47 万亿美元资产规模的银行签署加入，占全球银行业的 1/3。该原则为银行设定了全球基准，确保银行的业务战略与联合国可持续发展目标和《巴黎协定》所倡议的社会目标保持一致，对可能导致污染的基础设施项目将减少金融支持。2010 年以后，以世界银行为代表的多边金融机构逐步退出了对煤电的融资。2019 年 8 月 7 日，澳大利亚联邦银行宣布将于 2030 年终止对煤炭发电的支持。2019 年 10 月 2 日，非洲开发银行宣布将终止对煤电项目的融资支持。

电动车颠覆传统车趋势已经体现。目前，全球能源和环境系统面临巨大挑战，汽车作为石油消耗和二氧化碳排放的大户，需要进行革命性的变革。目前，全球新能源汽车的发展已经形成了共识，从长期来看，包括纯电动、燃料电池技术在内的纯电驱动将是新能源汽车的主要技术方向，在短期内，油电混合、插电式混合动力将是重要的过渡路线。2019 年 5 月 21 日，彭博新能源财经发布的《2019 年新能源汽车市场长期展望》报告显示，燃油乘用车销量很可能已经达到峰值，电动车将主导全球乘用车和公交车新增市场，而插电混合动力和燃料电池车的影响有限。

四是多能互济格局将逐步形成并巩固。能源转型将是一个漫长、持续的过程，非化石能源对化石能源的替代需要必要的且较长过程的过渡。在过渡期内，能源消

费将从单纯依赖传统化石能源向传统能源与新兴能源协调发展、多元互济转变。

五是能源生产消费所面临的外部约束越来越大。能源生产消费面临的严重挑战日趋激烈，集中体现为能源资源短缺、全球气候变暖、生态环境破坏等。

六是能源相关的高端技术快速发展。互联网与通信、自动化、人工智能等前沿技术的突破正推动能源产业向高端发展。

在这一背景下，国家提出了发展智慧能源产业的号召，以应对能源发展面临的上述新环境、新挑战和新问题。国务院于2015年印发《关于积极推进“互联网+”行动的指导意见》（国发〔2015〕40号），明确部署了互联网与协同制造、智慧能源、现代农业、普惠金融、益民服务、高效物流、电子商务、便捷交通、绿色生态、人工智能等十个方面的融合发展。其中，能源行业推动“互联网+”的顶层设计被命名为“互联网+智慧能源行动计划”，这一行动计划将促进以生产为核心的能源供给模式向以需求为导向的新产业模式转变。该“互联网+”是打通供给侧与需求侧的技术路径，同时催生了一种新的经济形态，即以“互联网+能源”为产业形态的智慧能源产业。2016年6月22日，国务院第138次常务会议审议了由国家能源局提出的《关于实施“互联网+”智慧能源行动的工作情况汇报》，从国务院层面对实施“互联网+”智慧能源工作进行检查、督促和再部署。能源互联网将为能源产业发展带来新机遇。

通过技术进步促进能源系统扁平化，推进能源生产与消费模式革命，提高能源利用效率，推动节能减排。加强分布式能源网络建设，提高可再生能源占比，促进能源利用结构优化。加快发电设施、用电设施和电网智能化改造，提高电力系统的安全性、稳定性和可靠性，将推动能源行业有效适应当前外部环境的最新变化。这些变化包括：一是能源生产智能化，即上下游信息对接和生产消费智能化；二是分布式能源网络，即多能源协调互补的能源互联网，形成开放共享的能源网络；三是能源消费新模式，即多平台服务整合一体的能源网络发展模式；四是发展新兴能源服务业务，即围绕能源消费者的新型服务产业。

### 1.1.2　智慧能源产业的概念界定

智慧能源产业是一个多元的概念，从不同视角会有不同侧重和不同层次的理解。

从技术的角度来看，智慧能源产业更多侧重于能源与信息技术的深度融合，实现“源—网—荷—储”协调发展、集成互补的能源互联网。例如，新奥能源集团近年来探索的“互联网+光伏”的新思路和新模式，已建设并运营了 PV trade 光伏交易平台，专注光伏土地/屋顶、电站资源相关领域，打造智能、便捷、可交互的光伏在线应用平台，为光伏行业提供“一站式”综合服务解决方案。

从市场角度来看，智慧能源产业更多侧重于互联网技术对能源市场格局的改变。能源产业借助先进技术、信息技术和市场化手段，打破能源价值链各环节的割裂状态，实现能源的全互动和全融合，是跨界的融合创新。

从能源发展自身来看，智慧能源产业更多侧重于能源系统的灵活性、终端用能的智能化与能源效率，最典型的应用模式为基于可再生能源的分布式能源系统。应用智慧能源标准，将电、水、气等能源数据化，利用 IPv6、大数据、云计算等互联网技术，将能源产业互联网化，动态管理能源生产、传输和消费，达到提高效率、节能减排等作用。

综合来看，目前对智慧能源产业的理解，既有微观层面的具体到能源与前沿技术的融合应用项目，也有中观层面的产业与产业融合发展，还有宏观层面从能源发展的外部环境和趋势出发，对能源产业与相关产业的技术、经济和社会等属性进行系统性研判，从而对智慧能源产业的发展规律进行宏观阐释。

### 1.1.3 智慧能源产业的外延及发展规律

本报告试从宏观视角，对智慧能源产业的内涵做外延分析。基于当前能源发展阶段及面临的外部环境，智慧能源产业相较于传统能源产业，主要有以下几方面根本性差异：

第一，智慧能源产业以电力为核心和枢纽。在终端能源消费中，电力消费的比重越高，越易于智能化、信息化和数字化。电力作为重要的二次能源，是实现各能源网络有机互联的链接枢纽。因此，智慧能源产业将主要围绕电力的“发—输—配—售”等各环节的智能化展开。

第二，智慧能源产业以互联互通为基本特征。电力互联是实现能源智能化的重要途径。智慧能源产业系统对电力跨区域的输送能力、经济输送距离、网架结构等方面提出了更高的要求。对电力输送网络的合理布局是实现跨区域能源互联的重要保障。分布式电源与微电网也是优化电力资源配置的重要手段。微电网凭借其灵活的运行方式、能量梯级利用、提供可定制电源等特性，能够协调控制分布式电源、

储能与需求侧资源，从而保证分布式可再生能源的并网需求。因此，智慧能源产业将主要围绕输电网的互联互通与智能化展开。

第三，智慧能源产业以提高非化石能源消费比重为目标。对化石能源消费的替代是能源发展自身的大势所趋。而以风能、太阳能、水能、潮汐能等为代表的非化石能源快速发展的最大制约因素即生产侧的不稳定性与需求侧的稳定性要求之间的矛盾。智慧能源产业将围绕非化石能源生产和消费的全生命周期，实现对非化石能源生产和消费中的季节差、时间差、价格差和地域差进行综合平衡，实现能源资源在更大范围内的优化配置。

第四，智慧能源产业在“发—输—变—配”环节以智能电网为支撑，在用电环节以物联网和互联网为特征。在能源的整体利用方面，由化石能源向电能转变，智能电网将消纳各种间歇性新能源，同时进行智能的调度和输送。在用电环节，各种智慧物联网设备接入物联网，并与互联网连接，形成设备互联、状态全面感知的物理和信息融合。

概括起来，智慧能源产业是以电为核心与枢纽，以互联互通为基本特征，以提高非化石能源消费比重为目标，由智能电网、物联网和互联网所构成的能源产业及其外延产业的系统总和。从产业发展的规律来判断，智慧能源产业将阶梯式发展，在不同的发展阶段有着差异化的发展重点和基本特征。在全球应对气候变化、资源短缺和重视生态环保的能源发展当前阶段，智慧能源产业的发展主题是电气化、清洁化和互联互通，因此目前阶段的产业发展重点应为清洁能源发电和跨区域电网。

## 1.2　能源产业面临的挑战

### 1.2.1　新能源的大规模接入影响能源系统稳定性

风速、光照是随时变化的，风电机组、光伏电站的出力主要由风速、光照强度的大小决定，因此风电场、光伏电站的出力也是波动的。其不稳定性将会导致大规模风电、光伏电站并网之后，造成电网电压、电流和频率的波动，影响电网的电能质量。电网公司为消除不利影响，需要增加额外的旋转备用容量，从而增加了电网运行成本，也会间接影响新能源的发展。

### 1.2.2 移动互联网的发展对能源产生了巨大需求

移动设备的大量接入，不仅在大众消费端产生了大量的能源新增需求，在企业端的数据中心也产生了巨大的新增需求。2015—2017 年中国数据中心数量保持 10%以上的年增速，其能耗持续攀升；2017 年中国数据中心用电量为 1221.5 亿千瓦时，2018 年达到 1609 亿千瓦时（2018 年全国大型及以上数据中心总能耗 918.86 亿千瓦时，北京、上海、广州等经济发达地区大型及以上数据中心总能耗 470.64 亿千瓦时），增长近 24.1%，超过上海的用电量（1567 亿千瓦时），分别占全国用电总量（不包含港、澳、台）、第三产业用电量的 2.35%和 14.9%。预计 2019—2023 年间数据中心用电量年均复合增长率将达到 10.64%，2023 年将达到 2668 亿千瓦时。根据 Researchgate、Swegon 等有关机构测算，2018 年全球数据中心耗电量为 6000 亿～9000 亿千瓦时，约占全球总用电量（22.34 万亿千瓦时）的 2.7%～4%。

### 1.2.3 能源的国际分布不均带来能源配置的国际化

以中国为例，能源结构以煤炭为主，而油气资源缺乏。煤炭在能源结构消费中所占的比例超过 70%，因此对国际化的能源需求较大。

一方面大量使用煤炭造成了严重的环境污染问题，另一方面由于严重依赖中东等地的油气资源给能源安全造成了巨大压力。大量外汇资源耗费在购置能源方面。传统能源分布的不均匀已经给能源配置的国际化打下商业基础，而新能源由于存在时间和季节的地区性差异，也存在国际范围配置的现实需求。

### 1.2.4 大范围能源生产和消费的实时匹配问题突出

综合来看，当前由于能源结构的问题，导致大范围能源生产和消费的实时匹配问题突出，亟须提高能源网络消纳能力，来解决大范围能源的生产和消费实时匹配。这方面主要有两个解决方向，一是实现大范围能源传输的智能实时调度，二是储能技术的发展。目前储能成本较高，近期来看大范围的能源传输是较为可行的解决方案。

## 1.3 智慧能源产业发展的阶段性特征

### 1.3.1 智慧能源传输和分配是产业发展的基础

能源传输渠道的智慧化是整个智慧能源产业发展的基石，也是需要优先发展的目标。智慧能源传输分配渠道包括能源的智慧消纳、智慧传输和调度、智慧分配利用三个方面。

智慧消纳是指能够在大范围互联互通的基础上，抹平新能源的间歇性特征，通过异地、不同种类新能源的发电曲线拟合，实现大范围内整体上能源供给的稳定性。

智慧传输和调度是指在大容量互联互通的基础上，智能匹配能源的供需需求，以低成本传输和利用为目标，实现能源供需的经济性和实时性。

智慧分配利用是指在用户端，根据不同用户的用电目标和偏好智能化灵活响应需求，同时智能调节用户端设备用电周期，来拟合匹配生产端的曲线。此外，其还利用电网大范围互联的特性，大范围接入物联网设备，将互联网嫁接到物联电网上，实现能源网、信息网的融合。

### 1.3.2 基于互联网和物联网的智能消费是特征

用户端设备的智能化以及联网化，给智能消费能源带来了可能。一方面用户可以通过互联网自主控制设备的用电需求，另一方面通过集中式或分布式的智能终端，可以自动控制用户侧用电设备的用电情况，以实时匹配发电端的曲线。

### 1.3.3 能源的生产、传输、消费和存储全流程智能化是最终目标

在实现能源生产、传输、消费和存储的智能化后，能源网内的所有设备和系统实现统一协调，在全流程、全过程中实现智能化。其最终目标是提升清洁能源的利用比率，降低能源生产利用的成本，提高经济效益保护环境。

（丛威、王晓飞/执笔）

## 1.4 我国电力产业的趋势分析

2018年，受经济运行平稳向好、电能替代加快推进、气温偏高等因素影响，我国全社会用电量实现了超预期增长。2019年，在经济下行压力加大、中美贸易摩擦升级、夏季气温偏低等因素的影响下，全社会用电量增速呈现明显回落。本节对2018年和2019年1—8月用电增长情况进行了分析，总结了全社会用电量的变化特点及有关原因。

### 1.4.1 2018年用电量增长特点

全社会用电增速创近七年新高。2018年，我国全社会用电量为6.9万亿千瓦时，较上年增长8.4%，增速较上年提升1.8个百分点，为2012年以来最高，主要受经济增长平稳向好、电能替代加快推进、气温气候变化等因素叠加影响。分季度看，四个季度增速分别为9.8%、9.0%、8.0%和7.3%，增速逐季回落。

三次产业和居民生活用电增长均较上年加快，第二产业是拉动全社会用电量增长的主要动力。2018年，第一产业用电746亿千瓦时，较上年增长9.0%，增速较上年提高1.7个百分点；第二产业用电47733亿千瓦时，较上年增长7.1%，增速上升1.8个百分点，为2012年以来新高，是全社会用电量增长的主要拉动力，贡献率接近60%，拉动全社会用电量增长5.0个百分点；第三产业和居民生活用电分别为10831亿千瓦时和9692亿千瓦时，分别增长12.9%和10.3%，增速较上年分别上升2.2个和2.5个百分点，为用电量的快速增长提供了支撑。第一产业用电占比为1.1%，与上年持平；第二产业用电占比为69.2%，较上年下降0.7个百分点。第三产业、居民生活用电在全社会用电量中的占比分别为15.7%和14.0%，分别较上年提高0.5个和0.1个百分点。

工业用电保持较快增长，四大高耗能行业用电量均实现正增长，黑色金属行业用电增速较上年大幅提高。2018年，工业用电4.7万亿千瓦时，比上年增长7%。四大高耗能行业总计用电1.9万亿千瓦时，较上年增长6.1%，增速较上年上升1.2个百分点，低于工业增速近1个百分点，拉动全社会用电量增长1.7个百分点，较上年提高0.5个百分点。各季度增速分别为4.8%、5.3%、7.3%和7.0%，因

国家和地方“稳投资”等措施逐步发力，并受上年低基数影响，下半年增速回升。其中，化工、建材、黑色金属、有色金属行业用电量分别增长2.6%、5.8%、9.8%、5.7%，化工、有色金属行业增速较上年分别下降2.0个和0.7个百分点；建材、黑色金属行业增速较上年分别增长2.1个和8.6个百分点，黑色金属行业拉动率上升主要是受产品结构调整、电炉钢的大量投产、环保治理、淘汰落后产能导致上年基数较低等因素影响。

高技术及装备制造业用电量快速增长。2018年，高技术及装备制造业[1]用电量较上年增长9.5%，高于工业用电增速2.4个百分点。具体来看，汽车制造业、金属制品业、计算机/通信和其他电子设备制造业、通用设备制造业、电气机械和器材制造业、专用设备制造业均保持较快增长，较上年分别增长13.6%、12.2%、11.9%、8.6%、6.9%、6.4%。

西北地区用电量增速下降，其他区域用电增速不同程度上升。2018年，华北（含蒙西）、华东、华中、东北（含蒙东）、西北、西南、南方地区用电量较上年分别增长9.6%、7.2%、9.5%、6.4%、7.9%、11.8%、8.3%，增速比2017年分别变化4.3个、0.4个、3.0个、1.8个、−2.1个、5.9个、1.0个百分点。

2018年，全社会用电量实现超预期增长，主要原因有四点：第一是供给侧结构性改革成效显现，黑色金属、建材等高耗能行业用电量恢复性增长，拉动全社会用电量增速比2017年提高0.5个百分点；第二是受新动能快速成长、电能替代深入推进等因素影响，第三产业用电量高速增长，拉动全社会用电量增速比2017年提高0.5个百分点；第三是受家用电器快速增加、夏季高温天气等因素影响，居民生活用电量高速增长，拉动全社会用电量增速比2017年提高0.4个百分点；第四是能源加工转换行业和装备制造业用电增速有所加快，合计拉动全社会用电量增速比2017年提高0.4个百分点。

### 1.4.2 2019年用电情况分析

2019年，全社会用电量增速持续放缓。1—8月，全国全社会用电量47422亿千瓦时，同比增长4.4%，增速同比下降4.5个百分点，较上半年下降0.6个百分

1）高技术及装备制造业包括医药制造业、金属制品业、通用设备制造业、专用设备制造业、汽车制造业、铁路/船舶/航空航天和其他运输设备制造业、电气机械和器材制造业、计算机/通信和其他电子设备制造业、仪器仪表制造业9个行业。

点。主要原因为：一是工业生产有所放缓，工业增加值增速同比下降 0.9 个百分点，电解铝、汽车产量增速同比分别下降 2.1 个和 14.7 个百分点；二是一季度气温同比偏高、夏季气温同比偏低，气温因素影响用电增速同比降低约 2 个百分点。

工业用电增长缓慢，增速同比明显下降。2019 年 1—8 月，我国工业用电量 31507 亿千瓦时，同比增长 2.8%，增速同比下降 4.4 个百分点，占全社会用电量的比重为 66.4%，比重同比下降 1.1 个百分点。其中，制造业用电量 23595 亿千瓦时，同比增长 3.4%，增速同比下降 3.7 个百分点。

四大高耗能行业用电量平稳增长，增速同比下降，黑色金属行业是拉动四大高耗能行业用电增长的主要力量。2019 年 1—8 月，化工、建材、黑色金属、有色金属四大高耗能行业累计用电量 13014 亿千瓦时，同比增长 3.3%，增速同比下降 1.9 个百分点。其中，化工、建材、黑色金属和有色金属行业用电分别增长 1.1%、5.8%、6.1%和 1.0%，增速同比分别变化−1.1 个、0.2 个、−5.0 个、−1.2 个百分点。黑色金属行业用电对高耗能行业用电增长的贡献率超过一半，是拉动四大高耗能行业用电增长的主要力量。

装备制造业用电量小幅增长，增速同比大幅下降。2019 年 1—8 月，装备制造业用电量为 4566 亿千瓦时，同比增长 3.2%，增速同比下降 7.8 个百分点。其中，专用设备制造业、电气机械和器材制造业、计算机/通信和其他电子设备制造业用电增速保持较快增长，分别为 9.7%、6.1%和 5.1%；金属制品业和通用设备制造业用电增速较缓，分别为 3.1%和 0.7%；仪器仪表制造业、铁路/船舶/航空航天和其他运输设备制造业以及汽车制造业用电负增长，分别为−10.0%、−1.8%和−0.6%。计算机/通信和其他电子设备制造业、金属制品业、电气机械和器材制造业对装备制造业用电增长的贡献较高，贡献率分别为 35.2%、32.3%和 22.0%。

第三产业和居民生活用电增长较快，增速同比降幅较大。2019 年 1—8 月，第三产业用电量为 7887 亿千瓦时，同比增长 8.8%，增速同比下降 4.9 个百分点。其中，信息传输/软件和信息技术服务业、租赁和商务服务业、房地产业、农/林/牧/渔专业及辅助性活动用电均保持较快增长，增速分别为 12.5%、12.5%、11.0%、10.7%；批发和零售业、房地产业、交通运输/仓储和邮政业、信息传输/软件和信息技术服务业对第三产业用电增长的贡献较高，贡献率分别为 22.0%、14.0%、13.6%、10.3%。1—8 月，居民生活用电量为 6947 亿千瓦时，同比增长 6.8%，

增速同比下降 5.5 个百分点。其中，7—8 月，居民生活用电量同比增长 0.9%，受气温较去年同期偏低影响，降温负荷同比下降，居民生活用电增速同比下降 9.0 个百分点。

各地区用电增速同比均下降，西南地区用电增速最高。2019 年 1—8 月，各地区用电增速从高到低依次为西南、南方、华北、华中、西北、东北、华东，用电增速分别为 6.8%、6.7%、5.3%、4.3%、3.4%、2.8%、2.6%，受工业生产放缓及夏季气温较上年偏低影响，各地区用电增速同比均下降，分别下降 5.1 个、3.4 个、2.9 个、5.7 个、5.5 个、4.6 个、5.7 个百分点。

受气温因素影响，7—8 月降温电量负增长，拉低全社会用电量增速。各部门用电增速均回落，其中居民生活用电量增速最低、降幅最大。2019 年 7—8 月，全国全社会用电量同比增长 3.1%，增速同比下降 4.7 个百分点。第一、二、三产业用电量和居民生活用电量同比分别增长 3.4%、2.7%、7.0%、0.9%，增速同比分别下降 4.9、3.9、4.0、9.0 个百分点。7 月和 8 月，全国平均气温分别为 22.1℃、21.6℃，较常年同期分别偏高 0.2℃、0.8℃，但较去年同期分别偏低 0.8℃、0.6℃。7—8 月，全国降温电量同比减少 7.4%，增速同比下降 28.2 个百分点；降温电量占全社会用电量的比重为 14.4%，同比降低 1.6 个百分点；气温因素对全社会用电量增长的贡献率为−37.8%，导致全社会用电量同比减少 1.2%；经济因素对全社会用电量增长的贡献率为 137.8%，拉动全社会用电量同比增长 4.3%。剔除气温因素影响后，7—8 月全社会用电量增速为 5.2%。

2019 年，全国全社会用电量为 7.2255 万亿千瓦时，同比增长 4.5%。分产业看，第一、二、三产业用电量和城乡居民生活用电量增速分别为 4.5%、3.1%、9.5%、5.7%。

（单葆国/执笔）

# 第2章　我国智慧能源产业发展现状综述

## 2.1　我国智慧能源产业发展现状

进入21世纪以来，能源问题已经成为现阶段社会发展过程中必须面对且亟待解决的一项重要问题，世界各国对于能源产业发展的重视程度也越来越高。智慧能源作为一种基于现代信息通信技术的新型能源体系，能够实现将能源生产、配送、转化以及消费的有效整合，并以此为基础构建一套完整的能源体系，可以在较大程度上实现对于能源可持续发展的有效管控，对于促进能源产业清洁低碳、安全高效发展有着非常积极的意义。

本节梳理智慧能源发展脉络，在分析智慧能源产业现状以及未来智慧能源产业探索方向的基础上，全面阐述国内智慧能源产业发展现状。

### 2.1.1　我国智慧能源发展脉络

智慧能源与能源互联网均是伴随着“互联网+”政策逐渐形成的新型能源体系。现将智慧能源的发展脉络中部分事件列举如下：

2004年，《经济学人》杂志发表的《建设能源互联网》首次提出了基于互联网特点及技术建设智能化、自动化、自愈化的能源系统。这是能源互联网系统结构及功能研究阶段的起点，标志着现代智慧能源研究的开始。

2008年，IBM首次提出“智慧地球”的概念，智慧城市建设应运而生，并在近年来的全球城市建设中掀起了一股新浪潮。智慧城市建设的核心是智慧能源，但智慧能源又不局限于智慧城市。美国政府宣布投放约40亿美元的刺激资金用于开发新的电力传输技术。美国政府希望推动新的人工智能电网的开发，该电网将大大提高美国电力基础设施的效率。

2012年，清华大学出版社出版由王毅、张标标等编著的《智慧能源》，侧重介绍了一家公司参与智慧城市和智慧能源建设的成功案例。里夫金的著作《第三次工

业革命》引入中国，书中明确讲到新的通信技术和新的能源系统将再次结合；长沙举办了首届中国能源互联网发展战略论坛，会上探讨能源互联网的初步概念及内涵，之后国内学者、专家对能源互联网的概念、形态进行了深入拓展。

2014年，刘振亚提出建设“全球能源互联网”的理论构想，提出实施清洁替代和电能替代的发展思路。随着党的十八大提出能源革命战略，能源与互联网正不断实现深度融合，极大地促进了国内能源互联网的发展。

2015年，由中国标准出版社出版的《中国智慧能源产业发展报告（2015）》开宗明义地给出了智慧能源的定义，即智慧能源必须是应用互联网和现代通信技术对能源的生产、使用、调度和效率状况进行实时监控、分析，并在大数据、云计算的基础上进行实时监测、报告和优化处理，以达到最佳状态的开放的、透明的、去中心化和广泛资源参与的能源综合管理系统。国家能源局开展“国家能源互联网行动计划战略研究”，项目围绕能源互联网的形态特征与体系架构、关键技术和技术标准、与智能电网的相互关系、商业模式与市场机制等方向展开。国家标准委联合中央网信办及国家发展改革委印发《关于开展智慧城市标准体系和评价指标体系建设及应用实施的指导意见》，要求到2020年累计完成50项左右的智慧城市领域标准制定工作，同步推进现有智慧城市相关技术和应用标准的制修订工作。

2016年，国家能源互联网的纲领性文件《关于推进“互联网+”智慧能源发展的指导意见》（以下简称《指导意见》）正式发布。《指导意见》明确提出了能源互联网的发展路线图，标志着能源互联网在中国进入实质性推进阶段。同年3月，国家“十三五”规划纲要正式发布，明确提出建设“源—网—荷—储”协调发展、集成互补的能源互联网。同年4月，《能源技术革命创新行动计划（2016—2030年）》正式发布，为中国能源互联网的发展制定了具体的行动计划。

2017年，智慧能源上升为国家发展重点。国家能源局发布《能源发展“十三五”规划》及《可再生能源发展“十三五”规划》。规划提到智慧能源的相关内容，智慧能源或成为能源未来发展的趋势；首批55个能源互联网示范项目正式公布，此举标志着能源互联网试点建设工作正式启动，推动了智慧能源的实质性发展。

2018年，智慧能源被纳入战略产业范畴。国务院印发《“十三五”国家战略性新兴产业发展规划》，提出到2020年，形成新一代信息技术、高端制造、生物、绿色低碳、数字创意等5个产值规模10万亿元级的新支柱，并在更广领域形成大批跨界融合的新增长点，平均每年带动新增就业100万人以上。

2019 年，国家能源局发文促进新能源建设发展。国家能源局官网发布《关于推进风电、光伏发电无补贴平价上网项目建设的工作方案（征求意见稿）》（以下简称《工作方案》）。《工作方案》提出，要优先建设平价上网项目，在组织电网企业论证并落实拟新建平价上网项目电力送出和消纳条件基础上，先行确定一批 2019 年度可开工建设的平价上网风电、光伏发电项目。《工作方案》明确，具备建设风电、光伏发电平价上网项目条件的地区，有关省（区、市）发展改革委（能源局）应于 4 月 25 日前报送 2019 年度第一批风电、光伏发电平价上网项目名单。同年，智慧能源企业界定评估标准发布。由全国节能减排标准化技术联盟主持编写，国际公认的检验、鉴定、测试和认证机构 SGS 参与起草的《智慧能源企业分类》（STCE 1023—2019）及《智慧能源企业评估指标》（STCE 1024—2019）标准正式发布，并于 2019 年 5 月 10 日正式实施。这是国内首次出台与“智慧能源”相关的标准，填补了国内在智慧能源企业界定分类及评估方面缺乏有效评价准则的空白。

### 2.1.2　我国智慧能源产业现状

智慧能源产业近年来得以快速发展，与智慧能源相关的注册企业从 2014 年的 3667 家快速发展至 2019 年底的 39174 家，数量大大增加。值得注意的是，互联网公司通过“互联网+”的形式已经向能源领域“跨界”。互联网公司一是通过通信技术扩展到能源行业，打通能源生产到消费的全流程；二是借助新一代计算机技术收集分析能源、设备、通道、消费的物联网数据并提高能源利用率，从而实现能源智慧化生产，提高能源智慧水平。

基于以下行业分类，具体阐述智慧能源产业的现状。

（1）传统电力

发电行业不断提高新能源装机和新能源发电比例，开发氢能业务，并向电力终端市场渗透。例如：五大电力集团清洁能源装机比例均接近或超过 30%，非水电清洁能源装机比例均超过 10%，最高的接近 20%；国家电力投资集团成立氢能公司；发电企业纷纷成立售电公司。

（2）输电配电

电网行业巩固电力输配领域实力，拓展组合能源服务与电子商务，向智能家居、新能源等领域扩展服务范围。例如：国家电网公司提出“三型两网”，开创世界一流能源互联网企业战略，打造国内规模最大的综合能源 B2B 服务平台，各省区

分公司成立区域综合能源服务公司。

（3）电动汽车

汽车行业电动化潮流已经形成，围绕出行与能源互联网互动，培育移动能源新业态。例如：奔驰、比亚迪、北汽等国内外汽车企业均推出电动计划，吉利、特来电、宁德时代签署《战略合作协议》，共建新能源汽车新生态；蔚来、威马、车和家、小鹏、拜腾等电动汽车创业公司已崭露头角。

（4）石油石化企业

石油石化企业成立专业电能公司，开展售电业务，探索氢能业务，联手互联网企业打造大数据能源服务业务。例如：中国石油天然气集团有限公司（简称中国石油）成立电能公司，建设中国石油统一购售电平台，借助国际业务拓展石油石化专业化电能服务；中国石油化工集团公司（简称中国石化）投资建设加氢示范站。

（5）新能源

新能源行业从制造业向能源生产与服务业转换，积极参与能源互联网示范项目建设，开展增量配网及综合能源服务等新业务。例如：协鑫集团控股有限公司（简称协鑫集团）发挥清洁能源产业链优势，通过“源—网—售—用—云”一体化战略，转型“互联网＋”智慧能源综合运营服务商。

（6）城市燃气

燃气行业依托城市管网探索电/热/气/冷能源互联新业务，建设能源微网、园区能源站。例如：港华燃气集团与清华大学成立区域综合能源规划技术联合研究中心，共同推进能源互联网建设。

（7）信息通信

互联网与信息行业发挥桥梁作用，为能源与信息融合提供组合技术解决方案。例如：腾讯、阿里分别与中国石油、中国石化签署战略合作协议，探索“传统能源＋互联网”合作新模式；华为聚焦建设ICT基础设施平台，携手能源企业构筑大数据生态。

（8）供热供暖

将现阶段先进的物联网技术和热不平衡系统解决方案相结合应用于供热过程中，实现供热供暖的智慧化，即智慧供热。例如：各城市热力公司纷纷开展智能热网的建设，华电集团打造了“源—网—荷”的一体化智慧供热调度系统及示范工程。

### 2.1.3 智慧能源的产业探索

技术的进步助力智慧能源产业发展，电网、发电集团及能源集团都聚集力量、整合资源，开展对智慧能源技术的研究，并取得一些成果。

国家电网：中国电力科学研究院牵头承担国家电网公司基础前瞻性项目“能源互联网技术架构研究”，着力构建未来能源互联网架构。国家电网开展了数百项智能电网试点项目建设，试点范围涵盖了发电、输电、配电、售电、用电、调度六大环节和通信信息平台，并根据技术成熟度和应用情况，陆续选择了智能电网调度系统、配电自动化、用电信息采集等 14 类项目进行推广建设。

发电集团：华能集团利用云计算、大数据、物联网、移动互联和人工智能等技术构建的企业级企业资源计划系统、“星云架构”工业大数据平台等，打造“数字电站＋智慧电站”，最终实现“自主可控、自主创新”；国家能源集团与华北电力大学共同建立“智能发电协同创新中心”，确立“风电机组智能控制系统关键技术研究和智能火电设计及应用”等十余项科研课题；华电集团启动的“智能火力发电课题及项目试点工作”将智能电厂建设分为规划试点、推广运用、全面建设等三个阶段，并从集团层面确定了 12 个智能火电技术的开发领域。

其他能源集团：中国广核集电有限公司启动的“智能核电”工程项目，基于大数据技术和应用，把物联网、智能云服务应用于协同设计、智能建造、智慧运营和智能管理四大领域中，实现了核电业务流程的协同和智能优化；中核集团全面铺开“数字核工业”的建设，明确了“数字核工业”建设的任务，从设计建造数字化、经营管理现代化、装备制造智能化三个维度出发，加快建设集团数据中心，打造核燃料智能生产与元件智能化制造平台、数字铀矿山等；新奥集团侧重多能源互补的理念，提出了能源网、物联网和互联网高度融合，实现能源、资源价值最大化的智慧型能源互联网——“泛能网”；远景能源涉足能源互联网领域，重点强调需求侧的人和人工智能的主体地位，搭配各能源系统、软件信息平台等智能硬件构成了能源互联网的有机整体。

除此之外，以华为为代表的通信企业基于传统信息通信技术和大数据领域的经验积累，提出“全联接电网”，并对其在能源互联网领域的未来发展进行了清晰的定位。北京清能互联科技有限公司在依托智能电网、电力市场政策研究、需求预测技术、电力规划、电网调度运行优化、低碳电力技术等方面深厚的理论积淀及强大

的技术市场优势，开发了与电力市场预测相关的平台产品，服务于智慧电力。

## 2.2　智慧能源的典型技术与产品分析

智慧能源的实现是以技术实现为前提的。由智慧能源的相关定义可以看出，云计算、大数据、物联网、移动互联和人工智能等新一代信息使能技术将与能源关键技术相融合，形成智慧能源的技术基础。本节简述智慧能源的相关信息使能技术，并重点分析智慧能源的主要能源关键技术，最后，按产品门类举例说明智慧能源的典型产品。

### 2.2.1　信息使能技术分析

#### 2.2.1.1　云计算

云计算通过对庞大资源数据池中高度虚拟化的海量数据进行管理，统一为云数据用户提供急速数据部署、按需资源分配、方便资源管理的云计算服务。在智慧能源系统中，运用云计算技术能够很好地提供相应的数据技术支持，可以迅速提高系统的数据存储、数据处理和数据交互效果，最大限度地对当前智慧能源系统中的数据资源和处理器资源进行整合处理。

云计算包含基础设施服务、平台服务以及软件服务，并根据服务的部署方式和服务对象范围，划分为公共云、私有云和混合云。

#### 2.2.1.2　大数据

大数据也称海量数据、巨量数据，是指需要新的处理模式才能具有更强的决策力、洞察力和流程优化能力的海量、高增长率和多样化的信息资产。智慧能源在能源的生产、转化、传输和消费等环节，将产生巨大的数据，而挖掘这些数据的价值，大数据技术则具备强大的能力。数据挖掘技术通过全新的数据收集处理模式，能够从处理中的数据里提取有效的信息资源，最终实现数据的价值利用。

大数据的处理流程可以定义为在合适工具的辅助下，对广泛异构的数据源进行抽取和集成，按照统一的标准对结果进行存储，利用恰当的数据分析技术对存储的数据进行分析，达到从中提取出有价值的知识的目的，并用合适的方式将结果展现给终端用户。

2.2.1.3 物联网

物联网是指通过智能传感设备对网络部署区域进行状态的监测与控制，通过网络层将监测的数据传输至服务器进行处理，最终实现整个监控区域的物物相连。在供给侧和需求侧的双重推动下，物联网进入以基础性行业和规模消费为代表的第三次发展浪潮，5G、低功耗广域网等基础设施加速构建，数以万亿计的新设备将接入网络并产生海量数据，人工智能、边缘计算、区块链等新技术加速与物联网结合，物联网迎来跨界融合、集成创新和规模化发展的新阶段，为提高人民生活质量、促进各行各业发展、促进经济增长开辟了广阔前景。

物联网的应用将遍及智能仓储、智慧物流、智能交通、智能家居等场景，而这些场景都离不开智慧能源。国家电网公司提出的构建“泛在电力物理网”，就是要实现不同能源系统/设备内外部能源信息的联通和共享。也就是说，需要将没有连接的设备、客户都连接起来，没有贯通的业务都贯通起来，没有共享的数据都即时共享出来，形成跨专业数据的共享共用生态，将过去没有用好的数据价值都挖掘出来。

2.2.1.4 移动互联

移动互联是移动互联网的简称，是通过将移动通信与互联网二者结合到一起形成的。其工作原理为用户端通过移动端来对因特网的信息进行访问，并获取一些所需要的信息，用户可以享受一系列的信息服务。因此，作为一个海量信息平台，它可以弥补传统能源行业与各种信息交互的短板。

移动互联网技术在能源系统中应用的典型模式主要有四种：一是无线网络模式，利用RFID、ZigBee技术实现对用户自己的物联网、传感网等网络服务的链接，有效补充现有能源系统的不足；二是能源系统公网接服务器模式，该模式的覆盖范围很大，可以实现覆盖全范围能源系统数据信息的收集和整理；三是无线网络接能源系统公网模式，融合了无线网络模式和公网模式的新的移动互联网技术应用模式，自建无线网络来补充现有能源通信公网运行能力的缺陷；四是两端移动公网模式，是对公网接服务器模式的拓展补充，该模式充分地利用了公网覆盖范围大的特点，同时提供公网模式下的移动端运营管理，可实现更加全面的业务服务。

2.2.1.5 人工智能

人工智能技术以高级机器学习、大数据、云计算为核心，在感知智能、计算智能和认知智能方面表现出极强的处理能力，从发展之初就一直受到能源领域学者的

高度关注。随着分布式电源、储能元件、电动汽车等具有能源生产、存储、消费多种特性的新型能源终端高比例接入，能源系统呈现出复杂非线性、不确定性、时空差异性等特点。

人工智能需要信息传递，需要海量运算，也需要能源的支撑。人工智能的发展与能源互联网相互支撑，二者相辅相成。人工智能的发展对能源的需求量很大，例如数据中心存储、超算中心进行海量计算，都需要很大量的能源，而且需要能源高效可靠，不能中断。

### 2.2.2　能源关键技术分析

#### 2.2.2.1　新能源发电与并网技术

能源转型是世界各国能源发展的趋势，发展新能源和可再生能源是推动未来能源转型的关键。据国家能源局统计，2018 年，中国可再生能源发电装机达到 7.28 亿千瓦，同比增长 12%。其中，水电装机 3.52 亿千瓦、风电装机 1.84 亿千瓦、光伏发电装机 1.74 亿千瓦、生物质发电装机 1781 万千瓦，分别同比增长 2.5%、12.4%、34%和 20.7%。可再生能源发电装机约占全部电力装机的 38.3%、同比上升 1.7 个百分点。而风能、光伏等可再生能源发电具有间歇性和波动性特征，大规模接入将对电网规划与运行带来挑战。研究新能源发电与并网的装备技术、新能源发电系统的电网友好接入、安全稳定运行、优化控制调度等问题，对于促进新能源发电由“辅助电源”到“主力电源”的转变，推动以新能源为主要特征的智能电网建设有重大意义。

因此，一方面，新能源大规模并网要求电网不断提高适应性和安全稳定控制能力，主要体现在：电网调度需要统筹全网各类发电资源，使全网的功率供给与需求达到即时动态平衡，并满足安全运行标准；电网规划需要进行网架优化工作，通过确定合理的大规模新能源基地的网架结构和送端电源结构，实现新能源与常规能源的合理布局和优化配置；输电环节需要采用高压交/直流送出技术，提升电网的输送能力，降低输送功率损耗。另一方面，为了降低风能、太阳能并网带来的安全稳定风险，需要新能源发电具备基本的接入与控制条件。智慧电网对风电场和光伏电站在接入电网之后的有功功率控制、功率预测、无功功率、电压调节、低电压穿越、运行频率、电能品质、模型和参数、通信与信号和接入电网测试等方面均做出了具体的规定，用以解决风能、太阳能等新能源发电标准化接入、间歇式电源发电功率精确预测以及运行控制技术等问题，以实现大规模新能源的科学合理利用。

2.2.2.2　储能技术

储能技术是智慧能源形成与发展过程中较关键的技术之一，在智慧能源中的作用是通过化学或物理方法将二次能源存储起来，实现能量的时间和空间转移。其作用方式大致可以分为能量的时间转移、空间转移、快速吞吐、保留备用、零存整取以及整存零取六种。

储能技术从物理形态上讲，包括可用于大电网调峰、调频辅助服务的储能装备，也包括用于家庭、楼宇、园区级的储能模块；从储能内容上讲包括压缩空气储能、飞轮储能、电池储能、超导储能、超级电容器储能、冰蓄冷热、氢存储、P2G等储能技术。压缩空气储能是一项能够实现大规模和长时间电能存储的储能技术之一；通过对飞轮储能系统的充放电控制，实现平滑风电输出功率、参与电网频率控制的双重目标；超导储能和超级电容储能系统能有效改善风电输出功率及系统的频率波动；电池储能的关键性因素在于电池技术的进步，储能应用场景的复杂性决定了电池储能的多元化发展方向。

在智慧能源中，即使是同种储能技术，其担任的职责也不尽相同，即各类储能技术在智慧能源中以不同的作用方式发挥着不同的作用。

2.2.2.3　大容量远距离输电

为支撑洲际联网和偏远地区新能源基地电力外送，未来特高压输电技术将向更大容量、更高电压等级方向发展，预计输电距离可超过3000千米，输送容量可超过1000万千瓦，具备更大范围的资源优化配置能力。我国可以发展建设以特高压骨干网为基础、利用高压直流互联可再生能源基地实现覆盖全国范围的交直流混合超级电网，提高我国供电的灵活性、互补性、安全性与可靠性。大容量远距离输电技术包括：特高压交直流输电技术及装备、柔性直流输电及直流电网技术、控制技术及战略性前瞻性技术（包括超导输电、无线输电、半波输电等）。

（1）特高压交直流输电技术及装备

目前，特高压直流输电的换流器、断路器、直流穿墙/换流变套管等高端装备还无法满足更高电压等级输电技术要求。未来需要重点突破±1100千伏以上电压等级的直流输电关键技术和高端装备的制备、工艺技术，特高压交直流输电的电磁环境与电磁干扰防护技术、特高压设备状态评价、预警诊断技术等。建设适用于极端气候条件下的±1100千伏及以上电压等级的特高压直流输电示范工程。

（2）柔性直流输电及直流电网技术

柔性直流输电是实现新能源并网、城市供电、海岛互联以及分布式能源接入的重要技术。柔性直流输电及未来直流电网技术将与特高压电网等多种先进输电技术共同支撑全球能源互联网建设，满足“一极一道”等全球大型新能源基地电力大规模送出。未来，需要突破基于架空线的柔性直流输电技术，以及直流电网规划与网架构建理论和控制保护技术，研制出高压柔性直流输电及直流电网的成套装备，包括高压直流断路器、高压DC/DC变换器、直流电网潮流控制器等。预计到2030年左右，柔性直流输电工程的直流电压等级有望达到±800千伏及以上，容量超过500万千瓦。

（3）控制技术

当前电力系统运行中应用的仿真理论和控制技术已不能适应未来电网发展和大规模新能源接入的要求，需要全面把握特大型电网发展的规律，开发出适应超大规模交直流混联系统、大规模新能源接入的电网建模技术、全电磁暂态仿真技术、大电网安全控制和保护技术、大电网优化调度技术等，提升电网安全稳定运行水平。

#### 2.2.2.4 能源路由器

由于能源互联网结构与传统能源结构之间存在着较大的差异，因此，要想实现能量转化以及输送的双向性，其中非常重要的一个途径就是建立分散路由。而能源路由器作为实现分散路由的重要方式，将其应用到能源互联网中，不仅可以有效地实现局域网内能量转换以及输送的安全稳定性，而且在广域互联网内，也可以实现转化和输送安全稳定性水平的长效提升。

能量路由器在能源互联网基础设施层中，支持多类型能源物理设备友好接入、能源转化或转换，根据参与能源互联网对象综合信息对能量及其路径优化控制、支持多元灵活的能源交易与服务，构建开放式能源互联网络路由节点的能量管理装置。能量路由器可根据应用场景配置功能，分为基础型和扩展型。基础型能量路由器，仅实现一种类型能源的灵活接入和分配，具备能量供给侧、需求侧和服务侧数据采集、计量、存储、通信、策略执行和能量转换控制与路由功能，宜用于民用和中小型工商业领域。电能路由器是基础型能量路由器的基本形式。扩展型能量路由器，同时支持信息资源层和基础设施层冷、热、电、气等多类型能源能量灵活接入、高效传输和优化分配，具备数据采集、计量、存储、通信、策略优化和能量管理功能，可直接或间接实现不同能源的输入、输出、转换和存储功能，宜用于大型工商业、工业园区集群企业用户和跨区域用户。

能源路由器主要由三个层面构成：第一层为能源层，主体为基础设备，主要包括变压器、储能设备等；第二层为控制层，主要由数据采集装置、优化计算模块以及控制回路模块组成；第三层为信息层，其主体为物理信息系统和大数据平台等。

2.2.2.5　能源微网

能源微网是指一个城乡社区或园区、工厂、学校等既可与公共能源网络连接，又可独立运行的微型能源网络。能源微网实现园区内工业、商业、居民用户主要或全部使用可再生清洁能源发电，充电设施灵活便利，太阳能、生物质发电或氢能等可再生能源通过能源路由器接入微能源网。各种可再生能源发电可由个人、企业以多种方式建设、运营，其中节能服务方式建设、运维能源微网应是可重点探索的方式。能源微网将可能为绿色城镇化和美丽乡村建设树立典范。

能源微网主要技术包括多能源协调规划、多能源转换、优化协调控制与管理、分布式发电预测等技术。从长远来看，随着分布式能源和可再生能源储能微网技术进步，新型负荷的出现，能源微网将会有越来越多的市场份额。目前能源微网方兴未艾，在与其相关的产业基础原材料、部件、元器件、系统软件网络等方面，仍需进行深入研究。

### 2.2.3　智慧能源典型产品分析

目前，各类能源企业、互联网企业已纷纷开始布局智慧能源相关产品，主要分为以电力为核心的智慧能源产品、以燃气为核心的智慧能源产品和以信息为核心的智慧能源产品三类，三者都是智慧能源的不同实践模式。

2.2.3.1　以电力为核心的智慧能源产品

以电力为核心的智慧能源产品，典型的代表有国家电投提出的“智慧＋N”、国家电网提出的泛在电力物联网、南方电网提出的“数字南网”等，其都是能够为用户提供以电为核心的智能、清洁、安全、高效的智慧能源服务。

国家电投提出的“智慧＋N”：倡导并持续推进智慧能源建设，按照“智慧＋N”的总体思路，实现了智慧与安全保障和水、火、风、光、核、气等业态的深度融合，建成了全球规模最大的龙羊峡水光互补电站；围绕核能研发、设计、验证、建造、制造、运维六个业务板块，构建“智慧核能”生态圈；通过清洁燃烧、远程诊断、智慧运维实现了传统火电友好运行；通过综合运用各项先进技术，建设智能水

情预报，大坝安全监测，水电远程集控，实现跨流域电站群智能调度、智能决策；通过融合互联网和电力气象技术，建设无人值守的智慧风电、光伏电站，开展运维集控区域维检，远程诊断，无人机、机器人巡视、状态检修，实现风光资源的高效利用。

国家电网提出的泛在电力物联网：从概念上讲，泛在电力物联网就是围绕电力系统各环节，充分应用移动互联、人工智能等现代信息技术、先进通信技术，实现电力系统各个环节万物互联、人机交互，具有状态全面感知、信息高效处理、应用便捷灵活特征的智慧服务系统。通俗地说，就是运用新一代信息技术，将电力用户及其设备、电网企业及其设备、发电企业及其设备、电工装备企业及其设备连接起来，通过信息广泛交互和充分共享，以数字化管理大幅提高能源生产、能源消费和相关装备制造的安全水平、质量水平、先进水平、效益效率水平。

南方电网提出的“数字南网”：南方电网公司提出建设电网数字化、运营数字化和能源生态数字化的“数字南网”。具体思路是建设电网管理平台、调度运行平台、客户服务平台、企业级运营管控平台四大业务平台，打造南网云、数字电网和物联网三大数字化基础平台，对接国家工业互联网和粤港澳大湾区利益相关方，完善统一的数据中心。根据规划，到 2020 年，全面建成基于南网云的新一代数字化基础平台和广泛的互联网应用，实现能源产业链上下游互联互通，基本具备支撑公司开展智能电网运营、能源价值链整合和能源生态服务的能力，初步建成“数字南网”；到 2025 年，基本实现“数字南网”。

#### 2.2.3.2　以燃气为核心的智慧能源产品

以燃气为核心的智慧能源产品，最典型的就是新奥集团提出的“泛能网”，以燃气为主要能源来源，生产电、冷、热等二次能源，能够为用户提供电、热、冷、气等综合性智慧能源服务。

新奥集团提出的“泛能网”：泛能网是从用户需求出发，以能量全价值链开发利用为核心，因地制宜，清洁能源优先，多能互补的用供能一体化的能源系统。泛能理念直面传统能源体系中供给主导、能源竖井发展、设施孤岛运作等困境，旨在解决能源用、产、输、配、储等各个环节中存在的低效浪费、环境污染、安全隐患等一系列问题，推进国家能源行业系统性、根本性变革，构建安全、高效、清洁、经济的现代能源体系。

#### 2.2.3.3 以信息为核心的智慧能源产品

以信息为核心的智慧能源产品，典型的代表有阿里集团提出的综合能源服务平台解决方案、华为提出的综合能源服务解决方案等，能够为用户提供实时用能监测、智慧用能诊断和节能优化等智慧能源服务。

阿里集团提出的综合能源服务平台解决方案：该平台以“厚平台、微应用”方式构建面向竞争性综合能源服务的业务平台，快速构建节电节能、电力需求侧、电务、能效管理、储能、微网一体化和能源电力交易等生态化应用，具备全面感知、创新孵化、数据决策、全景洞察等优势。

华为提出的综合能源服务解决方案：该平台式综合能源服务商基于华为云平台，为服务的用能企业提供包括数据采集、能效诊断分析和优化等服务，以及为政府主管部门提供能耗监管、用能权交易和节能减排等基础信息化平台，具备高并发支持、建站成本低、轻松对接的标准接口、多方位安全防护、大数据分析和智能服务等优势。

## 2.3 智慧能源产业的需求格局分析

智慧能源是以电力系统为核心，多种类型能源在物理网络上互联互通，充分利用互联网思维和物联网技术，实现横向多能互补，纵向“源—网—荷—储”协调优化，具备全面互联、全面感知、全面智能、全面协同等特征的新型能源生态体系。

建立智慧能源生态体系的目的是为了使传统能源企业转型为先进能源技术提供商、清洁低碳能源提供商和能源生态系统集成商，以智慧能源安全、智慧运营提升和智慧业务创新作为企业智慧能源产业的发展路径，以切实做好智慧能源产业稳步、协调、可持续发展，进而由智慧能源产业渗透到基础产业、核心产业和新兴产业中，实现火电、核电、风电、太阳能等不同发电形式的智慧发电，推进建设考虑用户侧交易和竞价上网在内的智慧电厂，组建既了解业务又掌握信息技术的复合型智慧管理团队等作为企业智慧能源产业发展的主要任务，以逐步实现以电力为依托、冷热电三联供等不同能源需求综合供给的智慧能源系统，成为世界一流清洁能源供应商作为企业智慧能源产业发展的最终目标。

为满足能源转型要求，实现智慧能源的愿景，首先，需要满足新能源生产与消纳的需求，在提高新能源消纳比例的同时，实现传统能源的节能减排要求。其次，智慧能源的本质是智慧，体现了新时代下信息化技术对传统运维管理的革新。最后，智慧能源需要适应分布式电源、电动汽车、物联网技术的发展，实现能源技术的革命、推动能源产业升级的需要。

### 2.3.1　新能源生产与消纳需求

以可再生能源逐步替代化石能源，实现由可再生能源组成的清洁、低碳、高效的能源体系，使可再生能源在一次能源生产和消费中占更大份额，这一新一代的能源系统，是当前能源革命的核心目标。能源转型的指标主要基于国家发展改革委和国家能源局在2016年发布的规划和战略，如2020年一次能源消费总量是50亿吨标准煤，非化石能源占一次能源消费15%以上，2030年初步构建现代能源体系，非化石能源发电量在2030年力争达到50%，2050年非化石能源占比超过一半，建成清洁、低碳、安全和高效的现代能源体系。

从资源总量看，我国清洁能源资源丰富，水电、风电、太阳能发电技术可开发量分别超过6.6亿千瓦、35亿千瓦、55亿千瓦。然而我国清洁能源资源与电力需求分布不均衡，风电、太阳能发电具有随机性、波动性。同时，受当地用电市场有限、跨区电网建设滞后、省间壁垒严重、市场交易机制不完善等诸多因素影响，"十一五""十二五"期间我国可再生能源大规模发展的同时，引起严重的"三弃问题"。经过各方努力，在"十三五"期间，我国"三弃问题"有了一定改善。如2018年，全国弃风率同比下降5个百分点，全国弃光率同比下降2.8个百分点，全国平均水能利用率达到95%。但是，2018年全国"三弃电量"仍超过1000亿千瓦时，可再生能源消纳问题依然严峻。某种程度上，缺乏统筹规划和统一的电力市场，清洁能源发展与电网建设仍不够协调，是目前我国"三弃问题"得不到彻底解决的重要原因。因此，由智能电网出发，构建能源互联网及智慧能源，实现清洁能源跨区、跨国、跨洲甚至全球优化配置仍是未来的需求。

同时，为体现新能源发电过程中的智慧能源，一是要加强电网的互联互通，加强华北—华中、华北—华东受端电网，加快西部北部能源基地跨区外送通道建设，提升跨区直流输电能力；二是多能互补集成优化与能源互联网紧密内在联系，多能互补涵盖的能源品种多，包括火电（含燃气轮机）、风电、太阳能发电、水电、抽水蓄能等多种类型电源，实现不同种类能源的互补利用以及同种类能源不同形式的互补利用；三是要提高新能源功率的预测精度，新能源功率预测可降低新能源出力的不确定性，为运行部门科学编制新能源调度消纳计划提供重要边界数据；四是提高新能源优化调度水平，目前运行部门已全面应用新能源优化调度技术，但由于新能源预测短时间内难以提高至负荷预测的精度水平，新能源发电高相关性和不确定性给调度决策带来很大挑战，技术还有待进一步提升。

### 2.3.2 节能减排消费需求

随着全球经济的稳步增长，世界各国对煤炭、石油等高碳能源消费量高居不下，二氧化碳排放量急剧增加，导致全球气候不断变暖，“温室效应”日益加剧。IPCC 第五次评估报告指出，由于人类活动的影响，最近 100 多年全球平均地面温度上升了 0.85℃，如不采取切实可行的重大行动，全球变暖将超过 4℃，届时全球范围内异常自然灾害频发、大气污染等问题将更加严重，对粮食生产、生态环境及生命财产等造成极大威胁。

作为当前世界上最大的能源消费国和温室气体排放国，中国发展低碳经济具有紧迫性和客观必要性。首先，来自国际社会的减排压力越来越大。自 1978 年以来，尤其是进入 21 世纪以来，中国经济持续高速增长，工业化和城镇化的进程不断加快，能源消费总量大幅增加，由 2000 年的 15 亿吨标准煤增长到 2015 年的 43 亿吨标准煤，年均增长 7.42%。其次，中国的能源消费长期以煤炭、石油等高碳能源为主，天然气、一次电力及其他清洁能源的消费总量总体占比常年低于 17%，导致中国的二氧化碳排放量持续上升。2007 年中国超越美国成为世界二氧化碳排放第一大国，2013 年中国二氧化碳排放量超过美国和欧盟二氧化碳排放量之和，占全球二氧化碳排放总量近 30%。与此同时，中国经济总量于 2010 年超越日本成为全球第二大经济体，当前虽然经济已步入新常态，增长趋势放缓，但经济增速依旧维持中高速增长，2016 年中国 GDP 增速为 6.7%，GDP 总量达到 11 万亿美元，占全球 GDP 总量的 14.84%。因此，作为世界上二氧化碳排放第一大国和全球第二大经济体，在全球气候变暖、国际社会减排压力越来越大的背景下，中国低碳发展转型责无旁贷。

智慧能源必须配合与促进国内的能源转型。传统的高耗能、高污染的生产经营模式已经给自然生态环境造成了极大的破坏，节能减排也是智慧能源的重要需求

之一。

### 2.3.3　智慧信息化需求

传统电力系统互动的出发点是满足社会各类生产生活的需求，电网中负荷具有高度的灵活自由的波动变化。由于需要保持电能供需动态平衡，以及信息互动不够发达，往往在发电端实行严格管理，不能随意实现灵活快速的电源资源配置。因此，随着电力系统的持续发展，大力发展智慧电厂，建立电厂智能化，与电网进行信息、能量互动的理念也逐渐清晰。智慧信息化需求也将是智慧能源的最核心需求。

首先，智慧能源应是建立在高速通信网络和计算机网络之上，以大数据分析技术为基础，利用先进的传感测量技术、自动控制技术、现场总线、云平台、系统化数据挖掘技术与物理能源生产高度融合，实现精细化管理、预防性检修、智能化监控，与能源互联网高度互联融合的新型管理模式。

其次，智慧能源的信息化是理念上的创新。提高效率、优化资源配置、全要素数据融合是智慧能源信息化的显著特点，其本质是网络互联、信息对称、数据驱动。以信息网络为纽带，实现能源互联网的数据融合对接，而能源资源快速调配将催化更广泛的技术与商业模式创新。智慧信息化也是以数据为中心的技术创新，支持全数据类型，并实现全方位、全时段的数据覆盖。“互联网＋数据＋发电”将呈现平台化、高集成、深关联、综合性的运营业态。

最后，智慧能源将与信息化技术深度融合，建设以“云、大、物、移、智”为代表的新型技术组成的信息网络架构。在智慧能源的理念影响下，传统能源企业从仅关注设备、监控、管理系统扩展到信息采集、存储、分析、展示一体化管理，并实现普遍互动，从而建立电能供给决策模型，为对内对外协调联动提供完整的分析决策平台，为发电、交易、服务提供不断创新的优化平台。同时，信息化也将实现电厂与电网的能量和信息双向智能互动。在构建智慧能源时围绕能量、信息网络建设，强调与多种能源形式的互动，从而有效解决传统被动接收电网信息的单向信息传递模式，达到全面感知、自动预判的效果。

### 2.3.4　新技术推广应用需求

在智能互联时代，以人工智能、物联网为代表的信息技术组成错综复杂的生态系统。技术不仅是提升效率的工具，也是能源行业成功的业务战略与未来收入增长的基石。当前，能源的供给与需求的路径和条件在不断发生变化，更经济、更清洁、更个性化、更碎片化的能源蓝图正在绘就。在可预期的未来，依靠蓬勃发展的智能技术（如人工智能技术和物联网技术），实现能源的智慧管理和定制化的能源服务，能源行业将获得广阔的发展空间，所有参与的企业将获得更好的发展机遇。

## 2.4 智慧能源产业的投资趋势展望

随着能源转型持续推进，智慧能源体系的逐步建立，将会带动相关细分领域行业的快速发展，对应的投资也将逐步增大。在政策与制度的刺激下，结合国内各大能源企业动向，在基础能力建设与能源服务投资两方面说明未来投资趋势发展。据埃森哲发布的《中国能源互联网商业生态展望》预测，到2020年中国能源互联网的总体市场规模将超过9400亿美元，约占当年GDP的7%。全球能源互联网发展合作组织也曾预测，到2050年全球能源互联网累计投资将超过50万亿美元。同时，我国目前有超过300个城市启动了智慧城市的规划和建设，为智慧能源的发展提供了综合的平台和政策支持，“一带一路”建设又为能源互联骨干网的发展提供了广阔的发展空间和国际市场。

### 2.4.1 基础能力建设

#### 2.4.1.1 新能源汽车领域投资

电动汽车作为一种新的交通工具，也是一种分布式电力负载，同时还是一种储能设施，不仅能够响应节能减排的政策要求，还可以降低对传统化石能源的依赖，是未来能源系统中的重要组成部分。

在政府规划层面，《国务院办公厅关于加快电动汽车充电基础设施建设的指导意见》提出，大力推进“互联网+充电基础设施”，促进电动汽车与智能电网间能量和信息的双向互动；国务院发布的《“十三五”国家战略性新兴产业发展规划》强调开展电动汽车电力系统储能应用技术研发，实施分布式新能源与电动汽车联合应用示范，推动电动汽车与智能电网、新能源、储能、智能驾驶等融合发展；工业和信息化部、国家发展改革委、科技部联合发布的《汽车产业中长期发展规划》指

出，探索新能源汽车与可再生能源、智能电网的深度融合和协同发展的商业化推广模式。

无论是从未来智慧能源对储能的需求角度，还是从政府为应对气候变化，对市民交通出行的政策刺激上讲，新能源汽车都是重要的投资方向。

#### 2.4.1.2　储能领域投资

储能技术可定义为实现电力与热能、化学能、机械能等能量之间的单向或双向存储技术，是实现发电曲线与用电曲线动态匹配的关键，它是现代电力系统中的组成部分，在电力“发、输、配、用”环节中起重要作用。储能技术的出现对促进新能源消纳、维持电力运行稳定、提高电力系统运行效率具有重要的意义，不仅可以减小电力峰谷差，还能有效降低供用电成本，是调整频率和补偿负荷波动的重要手段。随着智慧能源体系的建立，储能技术在能源系统中的特殊作用凸显。

储能是新能源发电的必要环节。目前，电化学储能成为增长最为迅猛的储能技术，国际范围内储能技术主要以钠硫电池及锂电池为主要发展趋势，国内则主要以锂电池发展为主流，未来锂电池的投资将会越来越多。

随着技术的进步、装机量的扩大、成本的降低以及市场机制的完善，大规模储能应用将迈入发展的黄金时期。尤其是在分布式发电及微网、调频辅助服务、新能源并网方面的投资会逐步增大。

#### 2.4.1.3　特高压领域投资

特高压即指电压在±800千伏以上的直流电及1000千伏以上的交流电，其主要功能为实现电网的跨区域电力输送，提高电网的输电能力。虽然目前国家对特高压的审批速度减缓，且交流特高压基本上处于被停止的状态，但国家电网特高压工程仍会继续开工，相关的工程企业会继续受到正向刺激。同时，国网公司开放了对特高压的投资权限，有资质的公司也可以参与特高压工程，取得后期的分红盈利。从长远看，特高压作为重要输电通道，相关资产是良性资产。持有特高压工程股份，取得后期盈利分红仍是一种优质选择。

#### 2.4.1.4　配电网自动化领域投资

近年来，配电网自动化技术的应用逐渐成为电力系统建设发展的主要标志，是保障区域电网正常运行的重要因素，对我国未来电网建设起到重大推动作用。配电网自动化技术主要以电子计算机技术以及互联网技术等为基础条件，融合了当代通信技术、信息技术，对配电系统各个环节基本能做到智能互动，实现实时监控、操作的目的，促使电力系统实现超速运转，保障人类及社会的生活需求，为经济增长提供有力保障。相比于发达国家，我国配电网自动化系统仍然处于较为落后的局面。以停电为例，发达国家的年平均停电时间短于1小时，反观我国，每年的全国停电平均时间达到9小时。要想快速赶上发达国家，就需要创造合适的条件，在全国大规模推广配电网自动化技术。

随着泛在电力物联网的推进，国网将在配电网自动化领域投入大量资源，以提高电网的稳定性。作为电力系统的“最后一公里”，配电网直接与用户相衔接。未来在配电网自动化方面，配电网终端、传感器、配电网自动化平台将出现高速投资的发展趋势。

#### 2.4.1.5 智能信息化领域投资

2019年1月3日，国家电网公司发布《国家电网有限公司关于新时代改革“再出发” 加快建设世界一流能源互联网企业的意见》，提出以习近平新时代中国特色社会主义思想为指导，深入贯彻党的十九大，十九届二中、三中全会，庆祝改革开放40周年大会精神和中央经济工作会议部署，落实新发展理念，以党的建设为引领，以供给侧结构性改革为主线，守正创新，担当作为，深入推进质量变革、效率变革、动力变革，着力打造枢纽型、平台型、共享型现代企业，加快建设具有全球竞争力的世界一流能源互联网企业，更好地服务实现“两个一百年”奋斗目标。国网提出建设“三型两网”，推动泛在电力物联网的发展，改变此前高基础电气设备高投入的传统发展模式，转而向推进电网与互联网融合发展。

泛在电力物联网主要是实现电网内外人—机—设备—云互联互通，目前上线终端5亿个，2019—2021年为战略关键期，预计国网将加大传感器布局，上线终端规模可达几十亿个，初步建成泛在电力物联网。在2021—2024年，在内部基本建设完毕的情况下，国网将通过其庞大的客户体系，延伸至各行各业，推动全社会各领域物联网建设，到2024年建成泛在电力物联网。

伴随国网的泛在电力物联网建设，预计在能源信息化领域投资，尤其是在芯片、传感器、信号采集器、智能终端、智能电表、智能信息采集系统等信息化硬件设备投资上，会呈现爆发式增长。随着泛在电力物联网的逐步建设完成，基础硬件投资会逐步下降，一体化公有平台建设、营销管理系统方面投资将会加大。

#### 2.4.1.6 分布式微电网领域投资

在智慧能源体系的电源侧，含有大量的分布式能源将投入到电网中，进行并网

发电。分布式能源是指以风能、太阳能、潮汐能等可再生能源为代表的可以分布式产生的能量和本地化能量的能源梯级利用及资源的综合利用。分布式能源是未来电力系统的技术基础之一。分布式能源既可以独立运行，作为独立的小型电力系统，也可以并入到电网中并网运行，与大电网充分互动。分布式能源的大规模实施，能有效利用新能源，提高新能源在系统中的占比。

为应对能源格局变化，适应智慧能源的新能源并网需求，分布式微电网领域投资将逐步增加。

### 2.4.2　能源服务投资

#### 2.4.2.1　综合能源服务投资

电力体制改革的持续推进还原了电力的商品属性，在此背景下，电网企业定位和商业模式发生了重大改变，其定位由市场参与者向公共服务提供者转变，其商业模式由赚取购销价差向收取“过网费”转变。在此环境背景下，电网企业既要巩固原有售电市场，又要寻找新的利润增长点。融合了工程服务、投资服务和运营服务的电能综合服务模式是电网企业寻求发展的一个突破点。电能综合服务是将不同种类的电能服务组合在一起，包括售电和设计、建设运行分布式能源等基础电能销售服务，用户侧管网运维、绿色能源采购、利用低估能源价格的智慧用能管理等深度功能服务，以及响应用户节能减排需求、为用户提供节能咨询、电费金融等能源增值服务。电能综合服务的施行意味着电能行业的产业链从纵向延伸转变为横向互动，从以产品为中心的服务模式转向以用户为中心的服务模式。

智慧能源最终将回到提高用户的体验上，实现“智慧互动”。能源服务产业在我国属于新兴产业，尚处于形成阶段，发展前景广阔。随着智慧能源的持续推进，在综合能源服务行业的投资也会逐步增加。

#### 2.4.2.2　售电平台投资

2015年，中共中央、国务院发布《关于进一步深化电力体制改革的若干意见》（中发〔2015〕9号），拉开了新一轮电力体制改革的序幕。《售电公司准入与退出管理办法》中也明确规定，售电公司应具有与售电规模相适应的固定经营场所及电力市场技术支持系统需要的信息系统和客户服务平台，能够满足参加市场交易的报价、信息报送、合同签订、客户服务等功能。

能源服务在智慧能源系统中发挥着越来越重要的作用，售电平台的搭建将是未来能源服务行业中重要的一环。未来的投资也会逐渐加大。

## 2.5　智慧能源产业的发展挑战分析

能源转型持续推进，特别是风能、太阳能等具有间歇性、波动性特征的新能源供应和电动汽车等碎片化、无序化特征的新能源消费大规模快速发展，给全电力能源系统带来一系列重大挑战。

一是全国资源配置能力的挑战。中国能源资源与需求逆向分布，80%以上的水电、风电、太阳能发电资源集中在西部北部地区，与东中部负荷中心相距1000～3000千米。大规模开发西部北部的可再生能源，持续扩大“西电东送”“北电南供”规模，对能源资源大范围配置能力提出了挑战。

二是技术不断更新迭代的挑战。智慧能源是能源技术、互联网技术和物联网技术的深度融合，当前仍面临诸多技术挑战。多领域、多层级的融合发展需要技术创新的引领和关键技术的不断突破。“互联网+”智慧能源的发展不仅需要突破多能互补分布式系统发电、储能、智能微网、主动配电网、柔性直流等能源领域关键技术，还需要探索云计算、大数据、物联网等信息通信技术在能源领域的深度应用。随着电力交易市场的放开，计量、结算、智能用电管理等技术与能源系统的跨行业融合等技术需要进一步探索。智慧能源尚处于起步阶段，所需的技术体系、标准体系尚未确定，以信息通信、电力电子、可再生能源等多种技术为核心的交叉融合技术需要不断创新和突破。

三是系统灵活控制的挑战。随着越来越多的电力电子元件接入，系统设备基础由传统交流设备向电力电子化转变，电力电子设备并网存在谐波、谐振与振荡风险，频率分布于更宽的频带范围，与火电机组次同步振荡等问题交织，给电网无功和谐波控制带来困难。分布式新能源、微电网、电动汽车大规模接入，系统运行特征由潮流从电网到用户的单向流动模式向双向互动转变，系统控制的复杂性大幅增加。

四是信息安全的挑战。智慧能源在快速发展的背后，也隐藏着巨大的信息安全挑战。智慧能源具有全面感知、全面智能、全面互联、全面协同的特点，导致其网络接入环境更加复杂多样，用户与各种能源互联网的交互需求也日益频繁，恶意攻

击者可以合法用户的身份轻松获取便捷的攻击路径，可更加容易地对能源系统发起攻击。依托现代信息化技术的智慧能源将面临互联系统风险、智能终端风险和无线安全等信息安全风险。

五是政策和市场设计的挑战。近年来，新能源开发成本持续下降，但与常规电源相比，成本依然偏高，新能源比例较大的国家普遍存在补贴数额巨大和终端用户电价持续上涨的压力。中国也不例外，目前新能源补贴已出现资金缺口，省间壁垒严重制约资源优化配置，火电参与调峰、储能技术发展、电力负荷参与系统调节的有效价格激励机制尚没有形成，弃风、弃光问题突出，政策和市场设计的精准性有待提升。

六是监管制度的挑战。“互联网+”智慧能源通过互联网将能源的生产、运输、消费、存储和金融的融资、交易、结算以及用户端的用能需求、用能行为等多主体紧密结合在一起，由于领域的不同、环节的增多，协调机制更加复杂，势必带来安全问题，跨界融合带来的监管问题不容忽视，需要从安全角度加强监管和风险管控。“互联网+”智慧能源系统内的用户信息、数据、设备在网络中的传递、保存、分发，都基于互联网的智慧能源交易平台，均需要安全的保证。因此，必须充分认识监管的重要性和必要性，密切把握能源互联网行业发展动态，适时调整监管的政策和范围。

## 2.6　智慧能源产业的政策建议

智慧能源产业作为未来能源体系发展方向，将极大地冲击传统的行业、市场和管理体制。然而，智慧能源产业在全球范围内仍处于实验探索阶段，政府、高校以及相关产业集团应采取科学有序的步骤开展相关工作。

国家战略政策层面，应当通过建立健全能源法律体系和电力规划设计体系等方式，促进电力的发展和管理机制实现科学化、标准化、法制化，逐步建成有效竞争的市场结构和市场体系。应超前引导市场，制定能够满足能源系统在未来数十年发展的政策法规、技术路线，以及相应的激励机制，为“能源革命”战略和“互联网+”行动计划提供支持。在学习欧美等国家发展经验的同时，建立符合中国国情的能源互联网体系，推动智慧能源市场稳步发展。

技术发展层面，亟待突破的领域包括建立健全网源协调发展机制，加强多能源互联和优化互补，构建可靠、高效的信息通信平台等。能源互联网的建设是各类型先进技术的整合，能源路由器、柔性输配电技术、高效储能技术、智能化控制技术、远程监测与诊断技术以及“云计算”“大数据”等一系列关键技术在能源系统中的应用均需要集中力量进行攻关和研发，保证相关技术能够在实际建设过程中得到顺利推广和应用。

企业实践层面，智慧能源产业应用集群的智慧能源建设将涌现大量的技术研发和项目实践机会，将为智慧能源技术供应商提供发展空间和改进技术的机会。在智慧能源技术提供集群形成行业竞争力后，通过将技术能力外溢服务全体能源行业发展。智慧能源的应用场景千变万化，业务组织柔性灵活，但其底层技术根源相通，因此，为避免缺乏统筹机制导致的重复建设、标准不统一等问题，智慧能源的建设需要从能源公司的上层层面把握方向，并设置专业部门统筹发展。该部门负责执行发展规划，设置发展子目标，整合发展资源，实现知识经验共享，推动跨产业协同创新，同时制定统一标准，预留统一接口，避免数据“烟囱”。

（高峰、张靖、王永真/执笔）

# 第 3 章　智慧能源产业重点领域分析

## 3.1　智能电网综述及展望

智能电网是将信息技术、通信技术、计算机技术、先进的电力电子技术、可再生能源发电技术与原有的输配电基础设施高度集成的新型电网，被世界各国视为推动经济发展和产业革命，实现可持续发展的新基础和新动力。

### 3.1.1　智能电网的内涵及其未来形态

随着新能源的大规模并网和用户对节能降耗、电能质量要求的不断提升，电网需要统筹协调集中式与分布式发电、传统能源与新能源，加强电力需求侧管理与提供多样化用电服务等，电网的灵活适应能力和互动性亟须提高。中电联 2019 年第一次理事长会议暨 2019 年经济形势与电力发展研讨会认为，随着我国电力需求增长和能源转型，现有电网受网架结构、短路电流、调节能力等制约，无法适应未来清洁能源大规模接入、大范围配置、灵活调节的需要，必须立足长远发展，一要大幅提升电网配置清洁能源能力，二要加快建设东部、西部同步电网，三要实现各级电网协调发展，四要加快智能电网建设。智能电网，就是推动先进信息通信技术与电力系统深度融合，构建智能互动、开放共享、经济高效、安全可控的现代电力服务平台，提升电网运行的灵活性、互动性和可靠性，满足各类分布式发电、用电设施接入以及用户多元化需求。

同时，未来的能源网络将不仅仅是输电和配电，即智能电网不只停留在电的角度，智能电网的角色、能力和功能都将得到进一步拓展，并随着新成员的加入实现增值。最终，智能电网将演变为能源网络，即能源互联网。可以认为，能源互联网是智能电网发展到现阶段的高级形态。只是能源互联网的内涵和外延更加丰富，例如，能源互联网体现出：一是以电为核心，并集成冷、热、气等能源，融合电力系统、交通系统及天然气系统，实现多种能量流的互补与综合利用；二是借助“互联网+”的系统化思维、信息化手段及市场化机制，进一步实现能源系统的全景感知、数据驱动及协同优化。据埃森哲中国发布报告《制胜能源互联网 X.0 时代》数据显示，2020 年中国能源互联网的市场规模预计将超过 9400 亿美元，约占当年全国 GDP 的 7%，几乎与欧美并驾齐驱。而从市场成熟度和发展潜力评估，中国能源互联网发展有望领跑全球。

### 3.1.2 我国智能电网的发展现状

2009 年，随着智能电网热潮的兴起，国家电网公司和南方电网公司均提出并制订了智能电网发展规划并全面推进。我国智能电网建设可分为发展起步阶段（2009—2010 年）、全面建设阶段（2011—2020 年）和完善提升阶段（2021—2025 年），涵盖了发电、输电、变电、配电、用电、调度各个领域。我国高校、科研院所与以国家电网公司和南方电网公司为代表的国内电力企业联合全面开展了智能电网理论研究与实践，在理论创新、标准规范、关键技术、重要装备、工程建设等方面都取得了较大突破。

（1）电源侧

目前，我国已基本掌握了风、光等发电建模及参数辨别技术，建成了国家级风电并网试验检测系统和光伏发电并网检测系统，完成了多个国家级风光储输示范工程，研制了电站侧风光发电功率预测系统，掌握了风光并网的智能控制与运行调度技术。但是，我国在新能源设备厂站控制等技术方面还尚未实现电网接入新能源的智能化和自动化功能，且新能源功率预测精度不足导致其调度运行水平难以精细化。《中国可再生能源发展报告 2018》显示，我国水电装机（含抽水蓄能）3.52 亿千瓦，在建规模约 9100 万千瓦，年发电量 1.23 万亿千瓦时；风电装机 1.84 亿千瓦，年发电量 3660 亿千瓦时；光伏发电装机 1.74 亿千瓦，年发电量 1775 亿千瓦时。我国水电、风电、光伏发电装机容量稳居世界第一，可再生能源占比显著提升。

（2）电网侧

在电网安全与控制技术方面，我国开展了基于特高压直流工程的仿真建模和应用，建立了就地—站域—广域的层次化保护体系，研发了智能电网调度控制系统，电网安全分析与仿真控制能力得到提升。在输变电技术方面开展了特高压交流输电绝缘配置、雷电防护电磁环境控制运行检修等关键技术，研究并建成了世界首个多

端柔性直流输电的工程应用。超特高压输变电技术取得了突出成果，配电网方面在配电自动化大型主站、智能配电终端、配电信息交互等技术方面取得进展，部分解决了分布式电源接入、规划运行控制以及微电网协调控制的问题。随着模块化多电平拓扑在电力系统的应用以及高电压等级 IGBT 或碳化硅器件的推广，10 千伏及以上交流到直流直接变换的难题被攻克，直流配电网迎来了新的发展契机，其输电容量大、线路损耗小、用户侧电能质量好、可再生能源灵活以及便捷接入等一系列优点得到体现。

（3）用户侧

我国已经在电动汽车技术、储能技术、定制电力技术以及智能电器技术等多个领域开展了深入研究，研发了多渠道缴费智能营业厅和移动营销作业系统，建立了节约电力电量测评方法体系，研发了电能服务管理平台、移动能效检测等系统，初步掌握了智能园区、楼宇小区用电管理智能化技术，并开展了示范应用，研制了电动汽车充换电设备，并规模化投入使用，建成了智能充换电服务网络运营监控系统，建立了中国充换电标准体系。例如，国家市场监督管理总局、国家标准化管理委员会于 2019 年 2 月批准发布了《电动汽车能量消耗率限值》（GB/T 36980—2018）等 600 多项国家标准，其中，《电动汽车能量消耗率限值》（GB/T 36980—2018）是全球首个针对纯电动汽车能耗指标提出要求的技术标准。

### 3.1.3　我国智能电网发展的重点方向

通过总结国内外智能电网的发展现状和分析我国智能电网的发展形势，结合我国智能电网的发展战略，文献[1)]提出未来推进我国智能电网快速发展的十项重点任务：

（1）促进大规模可再生清洁能源并网与消纳

完善促进可再生能源产业发展的政策体系，严控开发建设与市场消纳相统筹，实现各类可再生能源协调发展，加快开展可再生能源智能控制与集群优化运行控制技术及装备的研发，实现大规模可再生能源的可靠并网，促进可再生能源并网接纳能力大幅提升，加快开展大电网柔性互联核心技术和装备的研发，建成满足大规模远距离输送的能源优化配置平台，解决可再生能源大范围优化配置和安全消纳

1）辛培哲，蔡声霞，邹国辉，等．适应经济社会发展的智能电网发展战略研究［J］．分布式能源，2018，1（3）：21—27.

问题。

（2）促进多种异质能源的多能互补及协调优化

发挥水电、光热等可再生能源调节能力，促进水电、风电、光伏、光热等可再生能源多能互补及应用，鼓励开展多能互补集成优化技术及装备研究，加快在可再生能源富集地区开展大规模可再生能源多能互补工程示范建设，降低并网地区弃风弃光情况，加快“源—网—荷”感知及协调控制、能源与信息基础设施一体化设备、分布式能源管理等关键技术研发，示范应用大规模“源—网—荷”友好互动等先进技术，形成友好互动的“源—网—荷”运行控制模式，提升多种能源供需互动与平衡能力，探索多能互补微能网，实现可再生能源新型供能模式，推进以可再生能源为主、分布式电源多元互补的新能源微电网应用示范工程建设，提高终端能源综合利用效率。

（3）提升大电网安全稳定运行能力

加快开展新一代智能调度控制系统示范工程，建设探索开展广域发电联合控制系统，建设构建全景安全防御系统，加快构建在线与实时分析技术和协调控制防护体系，鼓励建立能源大数据条件下的现代复杂大电网仿真中心，支持满足大规模间歇性能源、分布式能源智能交互和大规模电力电子设备应用的高效精确的电力系统仿真技术应用，实现大电网安全稳定能力提升。

（4）打造主动弹性的未来配电网

增强配电网主动适应和态势联动，实现配电网主动双向潮流与数据流灵活调度控制，进一步满足分布式电源储能、电动汽车微电网柔性接入对配电网提出的高电能品质、高运行可靠性、清洁能源高渗透率的要求，构建弹性综合基础设施体系示范，开展强加固、高自愈和快恢复的弹性配电网、微网示范工程建设，提升系统对极端事件的预防抵御、吸收以及快速恢复供电的能力。

（5）促进新型高效储能装置的应用

配合国家能源战略行动计划，推动储能技术在可再生能源领域的示范应用，实现储能产业在市场规模应用领域和核心技术等方面的突破。增强储能调峰的灵活性和经济性，提升能源利用效率，鼓励开展分布式及微电网储能应用研究及攻关，加快开展规模化储能模块设计与制造等技术及示范，探索掌握大容量新型储能与能源转化等战略前瞻技术，推动多类型能源高效转化，促进可再生能源电力的大规模转化、网络化存储和多形态消纳。

(6) 推动多领域电能替代

大力实施以电代煤、以电代油能源替代战略，推广低压变频绿色照明、企业配电网管理等电能替代技术，在居民生活区推广家庭电气化，在城市供暖和工商业领域实施大型以电代煤项目，提高电能占终端能源消费比重，发挥电能便捷、安全、清洁、高效等优势，促进能源清洁化发展。在电动汽车发展方面，加快推进电动汽车快充网络和车联网服务平台，建设实现城市及城际间充电设施的互联互通。

(7) 全面实施电力需求侧管理

全面推进智能互动化计量技术应用，进一步完善智能电能表多元化计量模式和互动功能，支持未来实时电价机制，支撑用户信息互动分布式电源接入、电动汽车充放电等业务，建成按需实时计量的供购售一体化用电信息采集系统。鼓励打造智能绿色互动用电服务体系，全面建成多渠道、全业务、立体化的智能用电互动服务平台。进一步深化能效管理服务，依托电力需求侧管理城市综合试点建设，基于物联网、大数据和云计算等技术开展电能服务管理平台推广应用，探索灵活多样的市场化交易模式和需求响应，参与系统调峰调频等辅助服务市场支撑技术，建立健全需求响应工作机制和交易规则，鼓励用户参与需求响应，实现与电网的协调互动。

(8) 打造先进安全信息通信支撑平台

突破信息、通信与智能电网深度融合的关键技术，形成满足未来能源互联网需求的信息物理融合网络，实现信息通信基础平台软硬件的自主研发，提升信息通信基础设施的自主可控水平，有效保障电网信息安全防护水平和系统性能，支撑电网运营业务的实时性和可靠性需求，显著提升通信支撑和资源调度能力、通信新技术应用及实用化程度，为电网建设运行提供更坚强的基础保障。

(9) 构建先进智能电网标准及装备体系

充分发挥政府企业和高校科研机构的作用，加强国际交流与合作，构建开放共享的智能电网标准及装备创新体系，鼓励利用试点示范工程成果实时修订现有标准，强化基础通用标准制定，健全技术创新专利保护与标准化互动支撑机制，及时将先进技术转化为标准，健全智能电网规划设计、设备、施工、运维等技术标准制定，加快推进优势领域智能电网技术标准国际化，支持我国企业联盟和社团参与或主导的国际标准的制定，将我国企业已经形成的标准推向世界，为我国智能电网的技术和产品参与全球竞争打好基础。

（10）加强与能源互联网相关技术的集成优化

自2016年起，国家发展改革委、国家能源局等部门陆续批准了4批增量配电网项目、首批23个多能互补集成优化示范工程、28个新能源微电网示范项目、首批55个“互联网+”智慧能源（能源互联网）示范项目。2019年，我国首次发布了《国家能源互联网发展白皮书2018》，系统分析了我国能源互联网产业的发展态势及体系。同时，上述项目与智能电网、智慧能源紧密相关，并涉及众多相关技术的突破（如中低品位能源转换技术、高效低成本的储能技术、灵活柔性的低压直流技术等），而如何发挥多种技术之间的梯级利用、网络耦合、多元互补以及热电解耦，进而打破各种技术及行业之间的局部优化壁垒，实现智能电网和能源互联网各元素的“多元互动、集成优化”，以充分释放智能电网和能源互联网的“跨界”潜力。

## 3.2 分布式能源综述及展望

分布式能源是指在用户端智能地组合、利用本地资源，以经济和环境效益最优化来确定能源系统的技术路径与容量规模，为客户提供价格合理、清洁、可靠的生活、生产所需电能、热/冷能的能源供应方式。

### 3.2.1 分布式能源的概念及其典型形态

目前，分布式能源主要包括分布式天然气发电、分布式太阳能发电、分布式风力发电、分布式生物质发电、核能小型堆发电以及冷热电联供的形式。近年来，以多能互补和能量梯级利用的综合能源形式及其能源站也成为分布式能源的典型形态。其中，天然气分布式能源具有能源转化效率高、传输损耗小、有助于燃气和电力双重削峰填谷，提高供能安全性、改善环境等优势。同时，天然气分布式能源能够与分布式光伏、风力发电等可再生能源构成多能互补系统，有助于提高可再生能源利用比例。根据《关于发展天然气分布式能源的指导意见》，到2020年，我国将建设1000个左右天然气分布式能源项目，拟建设10个左右各类典型特征的分布式能源示范区域。

### 3.2.2 分布式能源的发展历程及趋势

分布式能源的发展先后经历了19世纪早期以热电联产为主的第一代分布能源

系统、20世纪70年代以冷热电联产为主的天然气分布式能源系统，正进入以多能互补、综合利用、数据驱动的第三代分布式能源系统时代。文献[1]认为第三代分布式能源系统与前两代能源系统的重大区别体现在：一是小规模去中心化，二是多能源现场产消系统，三是集成应用终端节能资源和可再生能源，即实现去中心化、脱碳化和数字化。

去中心化：第一代分布式能源本质上还是集中式系统，只是能源中心的位置靠近用户。第二代分布式能源则有多个能源中心，相比第一代，系统能源中心更加接近用户。而第三代分布式能源系统中能源终端用户同时又是能源生产者，通过分散的屋顶光伏和小型燃料电池产生电力和热能形成能源产消者，能源生产贴近用户，产消者之间通过能源互联网进行能源的传输配送和交易。

脱碳化：能源系统脱碳首先是城区内产业建筑、交通的全面节能实现高能效低负荷，即节能是第三代分布式能源的基础；其次是利用园区内现场生产的可再生能源实现资源共享；再次是利用邻近园区的未开发和受污染土地开发可再生能源；最后是通过购买“绿电”利用非本地生产的可再生能源。最终，在优化建筑能耗的同时，形成风、光、生物质、地热、水利等可再生能源与天然气、清洁煤等传统能源的多能互补，清洁供应。

数字化：泛在网络技术是第三代能源系统的管理系统架构，它是在传感器网（分布在用户端的智能检测设备、无线传输检测系统以及智能电表）和物联网（在传感器网基础上增加射频识别、环境识别、视频监控、行为感知等技术）之上，加上数据采集、整理、分析等功能，打通能源系统的“源—网—荷—储”各个环节，实现优化运行智能调节。

### 3.2.3 分布式能源发展的关键技术

（1）负荷预测方法及技术

第一，在能耗总量和能耗强度控制的前提下，从能耗总量目标和能耗限额出发进行负荷反推，从情景分析出发进行负荷预测，再比较当地能耗监测系统的实测值得出能源系统的负荷指标；第二，利用专业的负荷预测软件，根据用能建筑的建筑特性及用能习惯，绘制负荷侧典型日及典型年的负荷曲线及延时负荷曲线，分析用

---

1) 龙惟定. 第三代分布式能源系统及其应用［J］. 暖通空调，2019，49（7）：1—11.

户热电比及用能特性；第三，利用大数据挖掘技术，根据负荷历史曲线及其相关因素（气象、维护结构、用能行为等），采用灰色模型或者黑色模型，进行负荷预测。

（2）多能源系统的建模技术

第三代能源系统是多能源系统，需要建立多能源输入和输出之间的关系，通过多能源供应端和需求端之间的交互界面来调节和管理。可采用能量枢纽（Energy Hub）模型进行多能源系统的建模。它定义为一种用于描述综合能源系统在“源—网—荷—储”各环节的能质输入/输出端口模型，Energy Hub 可通过能量分配因子和单元设备效率因子高度抽象不同能量转换设备的能质转换特性，进而获得用于综合能源系统建模和优化的特定矩阵模型[1)]。

（3）能源管控及需求侧管理

第三代分布式能源需要有一个强有力的能源管理系统，该管理系统应该是一个服务系统，能够建立供需之间的桥梁，能够平衡不同能源品种的利用，能够调节不同时间段的用能强度，能够协调不同空间位置的产能，能够完成交易和结算。基于综合资源规划理论，将需求侧节能降荷作为一种替代资源，在成本和效益分析中，给予需求侧节能与供应侧资源以同等的重视，是需求侧能源规划有别于其他能源规划的最重要的特点。

（4）效益评估及规划优化技术

目前，分布式能源系统的评价指标以经济、能源和环境这三个方面属性为主，也有涉及可靠性指标，且不同属性评价指标之间往往呈现“相悖”的特性。同时，能源政策与综合能源系统的性能息息相关，电力上网与否、电价、气价和工程补贴等都会对系统的运行、容量配置以及综合性能产生严重的影响。因此，如何实现系统配置、工质筛选/设计、运行策略多层次变量、多目标同步优化成为分布式综合能源系统的关键技术。

### 3.2.4 关于分布式能源发展存在的问题与建议

为加快建立清洁低碳、安全高效的能源体系，实现能源“四个革命”，中央和

---

1）程林，张靖，黄仁乐，等. 基于多能互补的综合能源系统多场景规划案例分析［J］. 电力自动化设备，2017（6）：11—19.

地方政府相应出台了一系列分布式能源政策。2013 年，国家发展改革委印发《分布式发电管理暂行办法》，还相继出台了分布式风电、太阳能、生物质发电等专项政策。2016 年，国家发展改革委印发《可再生能源发展“十三五”规划》，规划明确提出：到 2020 年，太阳能发电规模达到 1.1 亿千瓦以上，其中分布式光伏 6000 万千瓦，约占 54.5%。其后，全国各地纷纷出台能源相关的政策，在发展分布式能源方面也提出了各自的目标。例如，到 2020 年，广州要新增天然气分布式能源装机规模约 150 万千瓦；分布式光伏发电项目总装机容量力争达到 200 万千瓦。在中央和地方政府政策的支持下，分布式能源得到了快速发展，但也面临一些问题，如根据《2018—2023 年中国分布式能源行业商业模式创新与投资前景预测分析报告》数据显示，2016 年，全国天然气分布式发电累计装机容量为 1200 万千瓦，不到全国总装机容量的 2%，距离《关于发展天然气分布式能源的指导意见》所提到的 2020 年装机规模达到 5000 万千瓦的目标差距很大。

(1) 天然气气量不足，价格高企，严重制约分布式天然气发电发展

据《2018 年国内外油气行业发展报告》显示，2018 年，我国天然气消费量 2867 亿立方米，同比增长 16.6%，年增量 390 亿立方米，在一次能源消费中占比 7.8%。天然气产量 1610.2 亿立方米，同比增长 7.5%；进口天然气 1257.2 亿立方米，同比增长 31.9%。尽管天然气产销增长在一次能源中最快，但仍然满足不了日益增长的消费需要。天然气的环保性、低碳性，特别是可以有效控制雾霾形成等优点，使它具有对煤炭的良好替代性，由此推动了天然气消费的快速增长，同时也推动了天然气价格的居高不下。例如，目前浙江省天然气开发有限公司向天然气发电企业销售天然气的门站价格为 2.70 元每立方米，而经过地、县级管网输配到分布式天然气发电企业价格在 3 元每立方米以上。即使是 2.70 元每立方米的天然气价格，按单位热值（能量）计算，也是煤炭价格的 3 倍或以上。尽管分布式天然气发电具有很高的能源利用效率，但是在电价和热价方面仍然不敌煤炭。因此，建议国家尽快推进天然气市场化改革，增加天然气供应量，加强天然气生产与输配成本监管，推动用户无歧视接入管网，着力降低天然气价格，为分布式天然气发电的发展创造现实条件。

(2) 分布式能源发电普遍存在电网接入难问题

《分布式发电管理暂行办法》第二条明确，分布式发电是指在用户所在场地或附近建设安装、运行方式以用户端自发自用为主、多余电量上网，且在配电网系统

平衡调节为特征的发电设施或有电力输出的能量综合梯级利用多联供设施。电网企业负责分布式发电外部接网设施以及由接入引起公共电网改造部分的投资建设，并为分布式发电提供便捷、及时、高效的接入电网服务，与投资经营分布式发电设施的项目单位（或个体经营者、家庭用户）签订并网协议和购售电合同。电网企业应制定分布式发电并网工作流程，以城市或县为单位设立并公布接受分布式发电投资人申报的地点及联系方式，提高服务效率，保证无障碍接入。

在实际执行中，电网企业对分布式能源发电无歧视接入系统意愿不足；接入系统项目投资审批过程复杂，时间冗长；电网企业对业主投资建设的接入系统回购行动迟缓，以各种理由，特别是以安全为由不愿意分布式发电方接入系统。接入系统投资建设问题已是影响分布式能源发电发展的重要因素，建议具有能源监管职能的各级政府部门应当加强监管，促使电网企业提高执行国家政策的自觉性，履行保障分布式能源发电的无歧视接入义务。

（3）政府应进一步完善分布式能源发展政策并加强监管

在国家层面已经出台了许多有利于分布式能源发展的政策，但是这些政策如何在各行各业中落实仍需要有具体的行政与技术政策。例如，城市扩建与住宅小区、学校、医院、车站等公共设施，以及未来将快速发展的数据中心等能耗重点单元的规划与设计中，考虑用分布式能源供能需要有政策与设计规范的支持。再如，电网企业目前在输配电业务的基础上，利用能源互联网、综合能源服务等概念，扩大经营范围，进行分布式能源投资，其形式有控股或参股。监管部门应营造公平竞争环境，调动各方参与投资的积极性。总之，现有分布式能源发展政策的落实存在着许多问题，亟须加强监管。建议政府出台分布式能源专项监管制度（或办法），以使能源监管机构有法可依、强化监管，保障国家分布式能源政策的真正落实。

## 3.3　电动汽车与储能综述及展望

作为再电气化的重要标志，电动汽车的规模化发展将对承担绿色交通网络能源供给侧的电力系统产生深远影响。目前，交通用能中电力消费仅占 1.5%，迅速向市场渗透的电动汽车将带来急剧增加的用电需求，尤其是针对电动汽车同时充电可能引发的尖峰负荷，是引发外界对电网能否承受规模化电动汽车发展疑虑的主要方

面。国家能源局曾在 2017 年粗略估计认为，8000 万辆电动汽车的并发充电将引起 30 亿千瓦时的新增电负载，而目前日均上网电量约为 170 亿千瓦时[1)]。考虑到超过 95%的私人乘用车处于停泊状态的时间超过 90%，且电动汽车动力电池本身就是储能单元，电动汽车将不仅是需求响应资源，更是无需单独投资的、广泛分布的、容量可观的储能资源[2)]。可以预见，电动汽车储能作为智慧能源、能源互联网的一分子，将对能源结构转型产生巨大的影响。

### 3.3.1　电动汽车与储能产业发展现状

（1）电动汽车产业发展现状

中国电动汽车产业发展迅速，现已成为全球最大电动汽车产销及保有量市场，部分本土企业在产能规模及核心技术方面居于全球前列。我国电动汽车技术日臻成熟，市场规模不断扩大。一方面，2018 年全国新能源汽车保有量达 261 万辆，占汽车总量的 1.09%，与 2017 年相比，增加 107 万辆，增长 70.00%[3)]。其中，纯电动汽车保有量 211 万辆，占新能源汽车总量的 81.06%；另一方面，乘用车主流车型的续驶里程已经达到 300 公里以上，与国际先进水平同步。领先企业的动力电池单体的能量密度达到了 200 瓦时每千克，比 2012 年分别提高了 2 倍，价格达到 1.2 元每瓦时，比 2012 年下降了 70%。

（2）动力电池储能产业发展现状

中国动力电池产业规模同样居全球第一，2018 年中国动力电池出货量为 65 吉瓦时，同比增长 46%。出货量继续保持高速增长态势，主要受下游新能源汽车产量增长带动。截至 2017 年底，全国固定电化学储能装机容量约为 389.8 兆瓦，仅为全国抽水蓄能装机容量的 1%。若按平均 4 小时放电计算，合计储能能力约 1.6 吉瓦时。2017 年全国电动汽车产量为 79.4 万辆，全国电动汽车保有量超过 170 万辆，考虑不同车型结构及各类车型电池容量等因素，车载动力电池储能能力接近 90 吉瓦时，远远超过电化学储能容量。

---

1）刘宝华．电动汽车正处于爆发前夜［N］．中国能源报，2017-12-18.

2）季振亚．能源互联网包容下电动汽车储能及气电互联的市场化设计［D］．东南大学，2018.

3）公安部公布的相关数据，https：//www.d1ev.com/news/shuju/85841.

### 3.3.2 电动汽车与储能的应用场景及投资成本

电动汽车可通过有序充电、车电互联、电池更换及退役电池储能四种方式实现电力系统储能应用及价值。《电动汽车储能技术潜力及经济性研究》[1]指出，在各类电动汽车储能方式中，有序充电相对成本最低，但其储能应用潜力受限于出行强度；车电互联储能应用潜力最高，但其市场化推广取决于电池技术进步与成本下降速度；电池更换储能平准化成本与峰谷价差的平价时间最早，但其应用存在一定车型种类和出行规律要求。同时，各类电动汽车储能方式都有望在 2030 年之前实现峰谷差平价，其中有序充电和电池更换平价时间更有望出现在 2025 年之前。

（1）有序充电

电动汽车可通过改变充电时间的方式参与电网削峰填谷，实现“虚拟储能”作用。电动汽车有序充电的储能功率取决于车辆的充放电功率，其储能电量取决于车辆能效及出行强度。与电力需求响应类似，电动汽车有序充电的成本很大程度上受用户参与意愿度的影响。用户参与有序充电存在行为成本，不同种类电动汽车用户存在较大成本差异。与传统用电负荷不同，电动汽车充电与用车行为并不同步，在车辆停驶时段调节充电时间不会对用户出行带来显著影响，其参与需求响应的行为成本相对较低。总体而言，出租车、共享电动车等运营车队参与有序充电的行为成本较高，私家车参与有序充电的行为成本较低；公交、物流车辆在运营高峰时段有序充电的行为成本偏高，在运营低谷及夜间参与有序充电的行为成本较低。

（2）车电互联

除车辆行驶所需电能外，车电互联（Vehicle to Grid，V2G）可将动力电池剩余电能反送电网，从而实现与固定电池相似的储能作用。V2G 储电能力主要受电池容量影响。当前电动汽车动力电池容量普遍有限，电池续航能力以满足道路出行为主，车辆参与 V2G 将加速电池老化，给用户带来极高成本。但随着电池容量的增加和循环寿命的提升，电动汽车续航能力将逐渐超过日常交通出行需求，此时 V2G 的价值将快速显现。不过，与有序充电不同，电动汽车 V2G 涉及车载充放电机或新型电机控制器的硬件升级，因而会带来较为明显的新增投资。与固定电池储

---

1）《电动汽车储能技术潜力及经济性研究》指国际环保公益组织自然资源保护协会与国家发展和改革委员会能源研究所、中关村储能产业技术联盟 2018 年在京发布的报告。

能系统类似，储能单元（动力电池）成本是V2G经济性的重要影响因素。从2013到2017年，动力电池的成本下降了约三分之二。可以预见，随着电芯能量密度提升和系统设计的优化，动力电池制造成本还将不断下降。

（3）电池更换

电池更换为电动汽车电能的快速补充提供了可能。由于车辆与电池实现了分离，电池更换模式最大程度释放了车载电池的储能潜力，从车辆卸载的电池可以根据电力系统的调峰需求随时进行充放电，此时动力电池储能类似于固定电池储能电站。对于电池更换而言，每两次电池更换之间允许有较长的等待时间，使卸载电池可以兼顾电网调节需求和电池寿命进行充放电，在将电池储能价值最大化的同时，尽可能地延长电池使用寿命。电池更换模式下电动汽车的理论储能潜力取决于用于更换的备用电池容量。

（4）退役电池

电动汽车对车载动力电池的容量、比能量等性能参数有较高要求，当动力电池性能难以满足车用标准时必须对电池进行更换。通常而言，电池容量降低到原始容量的80%以下后就无法满足车用动力电池的要求，这意味着退役电池的储能潜力不容忽视。因此，从电动汽车上退役的动力电池通常还保有相当容量保持率，可应用在对能量密度要求不高的固定储能应用场景。随着车载动力电池寿命的终结，退役电池有望通过梯次利用的方式间接参与电网储能。预计到2020年，中国将产生25亿只废旧锂离子电池。对退役动力电池进行梯次利用将有助于降低电动汽车用户及电力系统的储能成本，让较高的储能成本能够在较长的使用寿命中在一次、二次用户中进行分摊。然而，当前退役电池梯次利用存在一定成本问题。梯次利用所涉及的回收、拆解、检测、集成都会对退役电池梯次利用的经济性产生影响。同时，随着动力电池市场规模不断扩大，新电池成本及价格将快速下降，继而对电池梯次利用市场竞争力产生威胁。

### 3.3.3 电动汽车储能的政策建议

应进一步明确车辆服务商、充电运营商、负荷集成商等电动汽车聚合商参与电力市场的市场身份与地位，降低电动汽车储能参与市场的功率容量门槛，完善电动汽车充放电计量并允许电动汽车通过聚合集成的方式参与电力系统服务。电动汽车聚合商可通过综合服务套餐，整合分散的电动汽车充电资源和改变电动汽车充电行为，不仅降低了分散用户进入市场的门槛，也提升了其从批发电力市场竞得低成本电量（如风电、太阳能发电）的能力。

应进一步鼓励各类聚合商通过商业模式创新汇聚电动汽车参与储能服务，加快住宅、办公地点充放电平台建设，研究制定平台化资源参与电力市场的交易规则、责任和义务。

应进一步释放聚合商自主定价空间，在公交车、物流车、公务车等运营较为规律的车队中探索更为灵活的充放电价格机制；加大电动汽车储能宣传力度，提高电动汽车储能的市场接受度，将累计放电量纳入电池质保参考因素；加大长寿命动力电池研发力度，推动动力电池与储能电池技术的协同发展。

应进一步制定合理的管理结构及准确、快速的电动汽车储能控制策略，并研究其对规模化电动汽车储能参与电网调频等实践的影响规律，探悉较长时间尺度下电动汽车规模化发展可以达到的互动能力的有效评估方法，并在调频市场的具体评价要求的基础上设计具有准确、快速响应的策略。

（高峰、王永真、张靖/执笔）

## 3.4 节能服务与合同能源管理综述及展望

自 1998 年合同能源管理机制引入我国以来，经过二十余年的发展，我国节能服务产业持续壮大，呈现出最具市场化、最富成长性、充满活力、特色鲜明的特点，已经发展成为全球范围内服务领域最广、商业模式最多、成长速度最快、产业规模最大的节能服务产业，逐步从国际能效领域的参与者成长为引领者，对推动节能改造、减少能源消耗、增加社会就业、促进经济发展发挥了积极的作用，成为我国转变发展方式、经济提质增效、建设生态文明的重要抓手之一。

### 3.4.1 产业发展综述

（1）产业持续发展壮大，节能服务规模效应初显

产业规模保持较快增长。据中国节能协会节能服务产业委员会（简称 EMCA）统计，截至 2018 年底，我国节能服务产业总产值达到 4774 亿元，增速为 15.1%（见图 3-1）。总体看，进入“十二五”以来，节能服务产业增速放缓，逐步进入平

稳发展阶段，过去平均30%～40%的高速增长阶段很难复现。

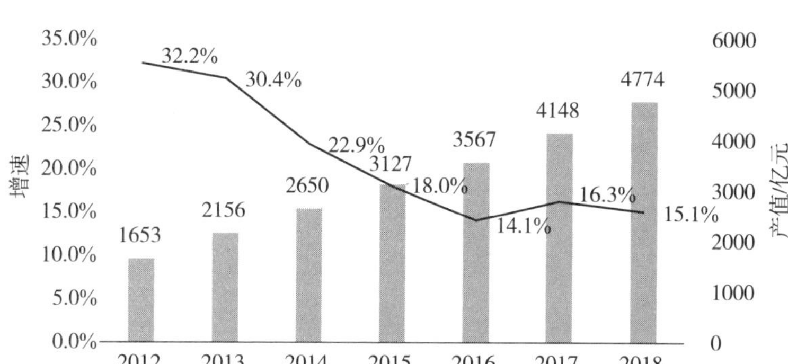


图3-1 2012—2018年节能服务产业产值

项目投资稳中有增。2018年，受钢铁、水泥等重点用能行业回暖以及清洁供热、综合能源服务等新业务领域投资增长迅速的因素影响，合同能源管理项目总投资额达到1171.0亿元，相比于2017年提高5.2%（见图3-2）。

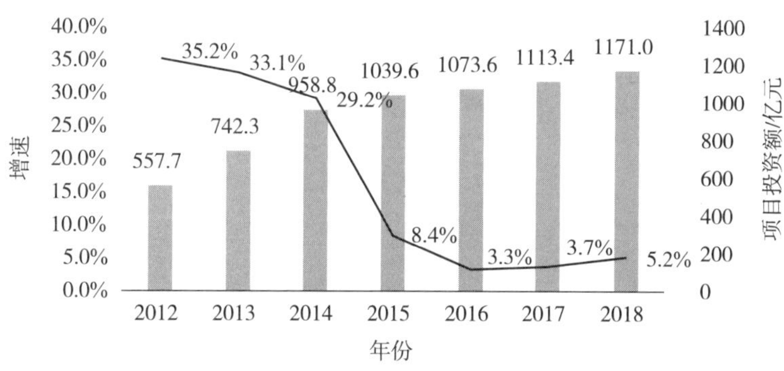


图3-2 2012—2018年合同能源管理项目投资

从业企业持续增加，产业结构逐步优化。从业企业数量持续增加，但增速放缓。企业综合实力持续增强，产业结构也日趋合理，节能服务产业逐步由依靠企业数量快速增长转向依靠企业高质量发展而取得发展的阶段。截至2018年底，全国从事节能服务的企业6439家，较上年增加302家，同比增长4.9%（见图3-3）。节能服务产业集中度（年收入排名前100名的节能服务公司的总收入占产业总量的比例）继续提高，达到12%左右。产业结构由过去企业小而散逐步转向大型化、专业化和综合化，行业间兼并重组已成趋势，专业化水平逐步提高，发展出一批引领行业发展的大企业，产业从以往靠扩大规模发展向结构优化转变。

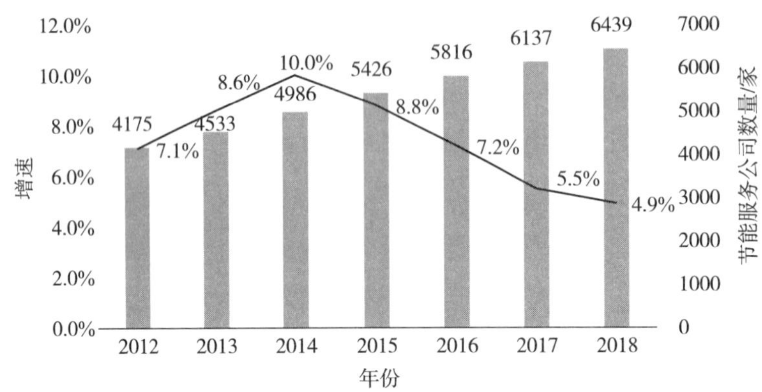


图 3-3　2012—2018 年节能服务公司数量变化

企业平均规模扩大，龙头企业高质量发展。据不完全统计，2018 年总资产在 1 亿元以上的节能服务企业有 144 家，其中总资产在 10 亿元以上的有 35 家。EMCA主任委员单位和副主任委员单位中，2018 年主营业务收入在 3000 万元到 1 亿元的占 27%，1 亿元到 5 亿元的占 50%，5 亿元以上的占 23%，1 亿元以上的合计占 73%（见图 3-4）。

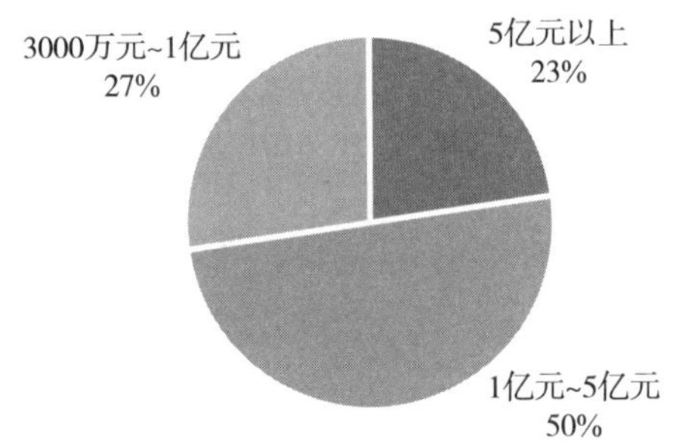


图3-4　EMCA 主任委员会成员 2018 年主营业务收入分布

（2）节能减排成效显著，单位节能量投资强度上升

2018 年，节能服务项目形成年节能能力 3930 万吨标准煤，比上年增加 3.1%，形成年减排二氧化碳能力 10651 万吨（见图 3-5）。领域分布方面，工业领域贡献了 82%的节能量，仍然是节能量最大的领域；建筑领域和公共设施领域分别贡献了 11%和 7%的节能量。

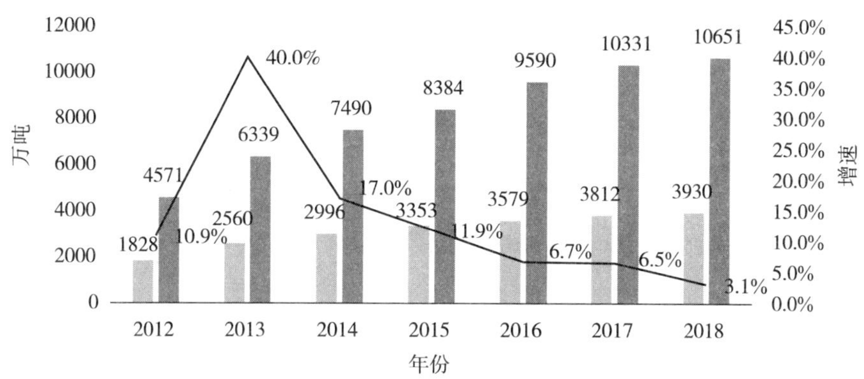

注：左柱表示年节能能力（万吨标准煤），右柱表示年减排能力（万吨二氧化碳）；
“——”表示节能能力增速。

图3－5 2012—2018年节能服务产业节能能力和减排能力

从项目类型以及实施领域来看，2018年节能服务公司实施的节能与提高能效项目主要有以下几个特点：

从领域来看，工业领域投资占主导，建筑领域项目数量多、增速快。工业领域投资785亿元，占比67%；建筑领域投资281亿元，占比24%；公共设施领域投资105亿元，占比9%（见图3－6）。工业领域项目投资仍然占主导地位。

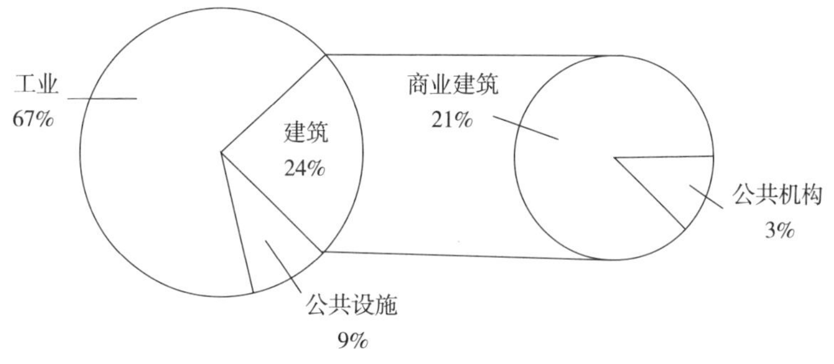


图3－6 2018年节能与提高能效项目投资额按领域分布

从项目线来看，余热余压利用项目投资额占比最高，建筑综合节能项目数量最多。投资额占比最高的前五条项目线依次为：余热余压利用，占比34.1%；能源站（供冷供热），占比16.9%；发电机组（流通、供热），占比15.2%；清洁供热，占比10.3%；锅炉窑炉节能，占比5.0%（图3－7）。此外，余热发电等项目线的总投资额较往年增加。

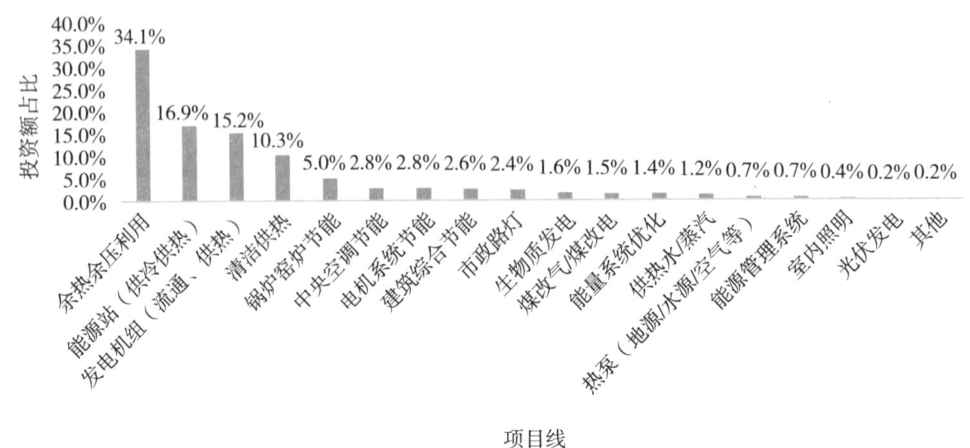


图 3-7　2018 年节能与提高能效项目投资额按项目线分布

数量最多的五条项目线分别为：建筑综合节能，占比 16.3%；电机系统节能，占比 15.7%；锅炉窑炉节能，占比 9.9%；中央空调节能，占比 9.4%；清洁供热，占比 8.1%（见图 3-8）。

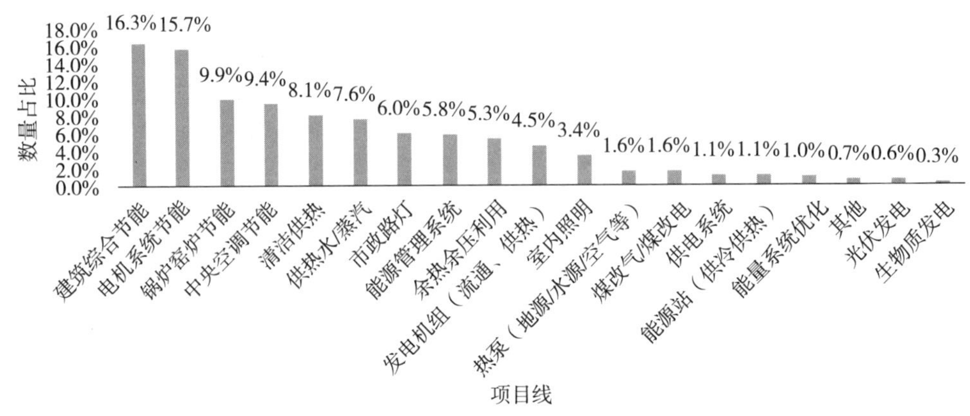


图 3-8　2018 年节能与提高能效项目数量按项目线分布

从单体项目投资额看，有较大幅度提升，单位节能量投资强度也有所提高。EMCA 对 708 个项目的普查数据显示：工业项目平均投资额 3429 万元，相比“十二五”期间 2000 万元左右的投资额约提高了 70%；商业建筑项目平均投资额 2035 万元，约为“十二五”期间 400 万元投资额的 5 倍；公共机构项目平均投资额 404 万元，约为“十二五”期间的 2 倍（见图 3-9）。

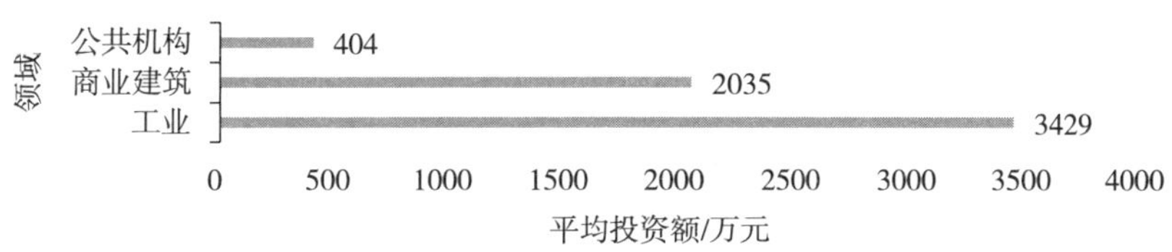


图3－9　2018年单体项目平均投资额

受融资成本提高、主要原材料价格上涨等叠加因素的影响，节能服务公司经营成本提高，加之节能项目复杂程度带来的边际成本上升，投资强度略有提高。2018年，节能服务公司实施的节能与提高能效项目平均投资强度达2980元每吨标准煤，比上年提高了2.1%（见图3－10）。

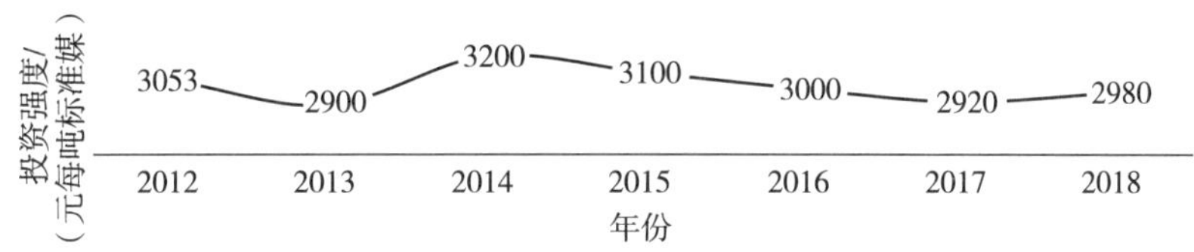


图3－10　2012—2018年节能与提高能效项目平均投资强度

（3）商务模式不断丰富，呈现出多样化的发展趋势

EMCA调研数据显示，在节能服务公司采用的商务模式中，节能效益分享型占到了48%，居主流位置，工程总承包、节能量保证型和能源费用托管型等模式也得到了广泛的应用（见图3－11）。节能服务公司常见商务模式见表3－1。

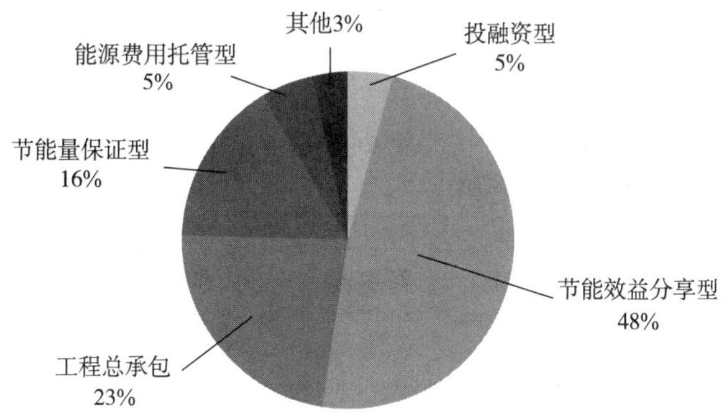


图3－11　节能服务公司商务模式占比

**表 3-1　节能服务公司常见商务模式及特点**

| 模式 | 主要特点 |
| --- | --- |
| 节能效益分享型 | 节能服务公司承担全部或大部分投资；<br>节能服务公司提供用能状况诊断、节能项目设计、融资、改造（施工、设备安装、调试）、运行管理服务等全过程的服务；<br>双方就产生的节能效益进行分享 |
| 节能量保证型（工程模式） | 客户提供全部或部分项目资金；<br>节能服务公司提供项目的全过程服务；<br>合同规定应达到的节能量；如果没有达到承诺的节能量，由节能服务公司赔付相应损失 |
| 能源费用托管型 | 客户按照约定的承包费用委托节能服务公司进行能源系统的节能改造和运行管理 |
| 融资租赁型 | 节能服务公司行使租赁物的购买选择权；<br>租赁公司承担租赁物购买的付款义务 |
| BOO | 节能服务公司负责项目的投资—建设—运营 |
| BOT | 节能服务公司负责项目的投资建设，并负责运营约定年限后，移交给客户 |
| BT | 节能服务公司投资建设后，移交给客户 |
| PPP | 在公共服务领域，政府采取竞争性方式选择具有投资、运营管理能力的社会资本，双方订立合同，由社会资本提供节能服务公司规划、设计、投资、建设和运营服务，政府依据公共服务绩效评价结果向社会资本支付对价 |
| 特许经营 | 节能服务公司与项目所在地政府及企业签订特许权协议，获得项目融资、设计、建造、经营和维护的权力，在规定的特许期内向项目服务的使用者收费，由此收回项目的各项投资成本。特许经营期满后，项目无偿移交给政府 |

节能服务公司在传统商务模式的基础上还根据实际情况进行了创新。如“固定收益型”，既实现了节能效益分享型以节能效益确定分享金额的核心定价策略，又考虑了用能企业经营状况导致还款延期等不确定因素的不利影响，有利于保障节能服务公司的合法权益。

过去在央企推行合同能源管理项目，常常会因为项目所有权遇到障碍，央企要求拥有项目所有权，节能服务公司为保证收益权也要争夺项目所有权。为解决这个

障碍，深圳达实智能股份有限公司在中粮集团应用了 IBOS 模式（即 Investment Build Operate Share，投资、建设、运营、分享），其实施的中粮置地广场冷站项目成为全国首个央企采用 IBOS 模式的节能类项目。在这种模式下，业主将在项目建成后短时间内（1 至 2 年）全部返还节能服务公司的投资款，而在项目运营的十年间，运营服务费仍按每月每平方米固定收取。该模式为能源费用托管型在央企新建节能项目中的应用做出了有益尝试。

（4）综合服务能力显著提升，新业态不断涌现

综合能源服务是能源服务的新业态，它整合了不同的服务业务，可以满足客户多样化的需求。同时，由于具有更多的业务类别、利润来源，因此可以在某些服务内容上提供更加低利润的价格以吸引客户，产生规模效应，服务成本可以有效降低。

综合能源服务以其高效率、低成本、清洁化等特点，满足了用能单位对于一体化综合服务和能源安全的需求，近年来在业内快速兴起并发展壮大。一部分实力较强的节能服务公司迅速由节能技术提供商向综合节能服务提供商转变。

南方电网、国家电网、新奥燃气、智光节能、中节能建筑等企业在综合能源服务业务开展过程中，逐渐摸索出了自己的模式和路线（见表 3-2）。其服务内容主要包括节能服务、分布式燃气（或热电联产）、储能、分布式光伏等项目投资，加上一部分服务业务（如售电）及少数微电网（多能互补＋调度控制）。

**表 3-2　部分企业开展综合能源服务的情况**

| 企业简称 | 业务情况 |
| --- | --- |
| 南网能源 | 南网能源以天然气分布式能源为基础，综合利用太阳能、风能、空气能等可再生能源，推广节能照明、直流供电、储能、电能替代及智慧楼宇等节能技术，并搭建中央能源管理系统探索多能流的动态平衡与优化调度等，为客户提供"节能服务＋新能源＋分布式能源及能源综合利用＋'互联网＋能源服务'(3＋N)"的综合能源服务，截至 2018 年底，已累计为超过 6000 家大工业客户实施节能诊断，实施 500 多个工业节能项目，100 多个大型楼宇建筑节能项目，推广 LED 照明灯具 220 万盏，开发分布式光伏项目 104 个 |
| 新奥燃气 | 从单一的天然气分销商向综合能源服务商迈进，利用能源和信息技术，将能源网、物联网和互联网进行高效集成，实现多种化石能源、可再生能源、环境势能等多源输入，为园区、城市区块及公共建筑类、工业类客户提供气、电、冷、热以及蒸汽等能源 |

续表

| 企业简称 | 业务情况 |
| --- | --- |
| 智光节能 | 凭借深厚的行业背景和多年的经验积累，在保持原有工业电气领域优势的基础上，积极拓展热能领域，完善综合能源服务链条。2018 年投资近 5 亿元建设集工业节能环保、资源循环利用、热电联产、城镇集中清洁供暖为一体的区域综合能源高效利用样板工程，为平陆县约 400 万平方米提供集中供暖，并为周边工业客户提供电力和蒸汽。<br>与阿里云联合创新，上线综合能源工业互联网平台和应用 APP 产品，深度融合了大数据互联网技术 |
| 中节能建筑 | 自主研发、投入实践的可再生能源区域供能系统，比传统空调系统夏季节能 15%～20%，冬季节能 30%～40%。区域供能以每栋建筑数十平方米的换热站替代了数百平方米甚至上千平方米的空调机房及锅炉，有效节约了建筑空间。能源站建成后，将原城市配套的“七通一平”增加至“十通一平”（冷、热、热水），提升了土地价值、区域开发建设品质及投资环境 |
| 东方能源 | 由原来的关注技术和产品，转向更加关注服务，服务内容更加广泛，服务手段更加丰富，节能效果更加显著。采用费用托管、能源费用保障等多种合同能源管理模式，为用能单位提供综合能源服务，已累计为烟台市 100 万平方米公共机构提供涵盖冷、热、水、电的能源服务，整体能效提升超过 15% |
| 国网浙江 | 与阿里巴巴集团签署了阿里巴巴杭州数据中心基地综合能源服务项目战略合作框架协议。根据协议，国网浙江电力将为阿里巴巴杭州数据中心基地提供供电工程建设、清洁能源供应、楼宇综合节能、设备运维以及电力直接交易等一系列综合能源服务。公司还将全额投资为宁波方太理想城建设综合能源服务项目。国网浙江电力 2018 年和 2019 年分别累计实现综合能源服务业务营收 3.57 亿元和 25.8 亿元。 |
| 国网江苏 | 打造苏州同里综合能源服务中心，综合应用光伏发电、高温相变光热发电、风机、地源热泵、冰蓄冷、微网路由器、交直流配电网、相变蓄热、压缩空气储能、充电站及综合能源服务平台等节能技术，一期于 2018 年 10 月投运 |

### 3.4.2 产业发展新动向

（1）节能服务综合化

从服务方式看，传统节能服务向综合能源服务转型已是大势所趋。根据国家发展和改革委员会能源研究所相关课题研究成果，未来综合能源服务将重点在八大细分市场开展工作（见表 3-3）。其中，能效服务、分布式能源开发与供应服务、综合智慧能源服务是节能服务公司已经开发较为成熟的市场，在此基础上，可以逐步向电力市场化交易服务、环保用能服务、综合储能服务、综合能源系统建设与运营服务市场延伸，加强业界合作，延长产业链条，形成较为完备的综合能源服务能力。

**表 3-3　综合能源服务细分市场**

| 序号 | 细分市场 |
|---|---|
| 1 | 综合能源输配服务市场 |
| 2 | 电力市场化交易服务市场 |
| 3 | 分布式能源开发与供应服务市场 |
| 4 | 综合能源系统建设与运营服务市场 |
| 5 | 能效服务市场 |
| 6 | 环保用能服务市场 |
| 7 | 综合储能服务市场 |
| 8 | 综合智慧能源服务市场 |

从商务模式看，能源费用托管型未来将发挥更重要的作用。能源费用托管型因其能够最大限度兼顾用能企业和节能服务公司利益而受到双方的欢迎。它既不像节能效益分享型那样，由节能服务公司方承担了过多的风险，也不像节能量保证型那样，用能企业享受的后期运营维护服务略显薄弱。在最新修订的《合同能源管理技术通则》（GB/T 24915—2020）中，能源费用托管型合同范本已纳入其中，能源费用托管型模式相关支持政策也在研究制定之中。

（2）节能服务智能化

节能与智能化融合渐成主流。节能服务公司利用数据采集、控制及系统集成技术控制优化各种机电设备运行，利用计算机及网络技术搭建信息交互平台，实现办公及信息自动化，集结构、系统、服务、管理及其相互之间的最优化组合，达到更加安全高效、易管理运营和节能降耗的目的。《工业和信息化部办公厅关于公布2018年大数据产业发展试点示范项目的通知》显示，能源类的央企正在通过数字化推动业务转型，其入选项目分布在大数据存储管理、大数据分析挖掘、大数据安全保障、产业创新大数据应用四个方向。部分企业正在将大数据和互联网与能源业务相结合作为重要发展方向（见表 3-4）。

**表 3-4　部分企业将大数据和互联网与能源业务相结合的情况**

| 企业简称 | 业务情况 |
|---|---|
| 国电龙源 | 组织研发建设的智慧环保大数据应用平台，包含集中监控系统、安全管控系统和大数据分析模块三大功能，实现装置的节能降耗运行和设备的预知性维护。下一步，龙源智慧环保平台将同步开发移动端 APP，实现对智能环保平台功能的全覆盖，使各级管理人员随时随地及时得到运维现场第一手信息并进行实时监控指导 |

续表

| 企业简称 | 业务情况 |
| --- | --- |
| 南方电网 | 打造“数字南网、智慧南网”，积极应用“云大物移智”等数字化技术，有序推进云化、服务化、开放式的IT架构升级等。2020年初步建成“数字南网”，实现业务应用移动化、运营监控可视化、数据资产价值化、IT架构云化、安全防御体系化。南方电网旗下广州供电局发布了时空大数据云平台（ABCGIS）。该平台综合利用人工智能（AI）、大数据（Big Data）、云计算（Cloud Computing）及时空地理信息系统（GIS）等新技术，提供面向电网内部和外部用户的资源云化、数据共享、业务融合的电网时空大数据云服务，下一步重点支撑光伏运营、智慧园区、智能路灯、充电桩等业务拓展 |
| 中节能建筑 | 通过分布式能源网络及智慧能源综合管理平台对区域内冷热等能源的生产、输送、消费进行在线监测分析、故障判断、预测性维护及优化调配，高效科学，提高安全稳定运行水平，实现能源生产和消费的供需平衡，是能源供给侧改革、智慧城市建设及推进互联网与节能产业融合的典型示范 |

（3）节能环保一体化

节能与环保一体化成为新趋势。一部分节能服务公司在做好节能业务的同时，紧跟国家环保形势，延伸产业链，深度挖掘和满足客户需求，在环保领域取得重大突破，致力于打造一体化的节能环保新型产业链。2018年部分企业开展节能环保一体化的情况详见表3-5。

**表3-5　2018年部分企业开展节能环保一体化业务情况**

| 企业简称 | 新增环保业务 |
| --- | --- |
| 宝钢节能 | 工业烟气治理、固体废弃物资源利用 |
| 九源天能 | 成功实施了乐亭钢铁余热发电、唐山不锈钢脱硫脱硝、唐山中厚板脱硫脱硝等项目 |
| 永恒能源 | 研发了创新性的生物质粉体燃料技术，解决了运输半径长的问题 |
| 鞍钢节能 | 焦炉脱硫脱硝、污水治理 |
| 北方节能 | 成功实施北方导航控股、西安现代控制技术研究所、西安机电信息技术研究所等燃气锅炉低氮燃烧改造等项目 |
| 碳索能源 | 微电子、汽车、显示行业VOCs治理和除尘治理 |
| 源深节能 | 环保脱硝实验室取得了北京市工程实验室资质 |

（王健夫/执笔）

## 3.5　我国用能权交易制度综述及展望

### 3.5.1　建立用能权交易制度的背景与意义

探索建立用能权交易制度是党中央、国务院的决策部署，是在加快生态文明建设、贯彻落实生态文明体制改革的背景下提出的重要举措。

2015年9月，中共中央、国务院印发的《生态文明体制改革总体方案》提出“推行用能权和碳排放权交易制度”；2016年3月，“十三五”规划《纲要》提出“建立健全用能权、用水权、碳排放权初始分配制度，创新有偿使用、预算管理、投融资机制，培育和发展交易市场”。2016年7月，国家发展改革委印发《国家发展改革委关于开展用能权有偿使用和交易试点工作的函》（发改环资〔2016〕1659号），决定在浙江省、福建省、河南省、四川省开展用能权有偿使用和交易制度试点工作（以下称用能权交易制度），并对试点内容进行了部署安排。

用能权交易制度与能耗强度和总量控制制度（以下称“双控”）以及“双控”目标分解和考核机制有着承接延续的关系，丰富了能耗总量控制的实现手段。

探索建立用能权交易制度有以下几个方面的积极意义：首先，顺应绿色发展理念不断深化的趋势；其次，是政府管理方式转变的新尝试；最后，是节能工作在新时期的延续，能够更好地推动地区产业结构调整。

### 3.5.2　“十二五”时期我国节能量交易及用能权交易综述

用能权交易制度的产生经过一段探索过程，有其发展脉络：一方面，用能权交易制度的提出源于我国的能耗强度和总量“双控”制度。“十一五”时期，我国提出能耗强度控制，把节能目标作为约束性指标纳入国家规划，并实行节能目标责任制和评价考核制度，使目标责任刚性化。“十二五”后期，考虑到在经济快速增长的情况下能源消耗增长较快，以及我国环境容量已处临界值等现实因素，我国从能耗强度控制转向强度和总量“双控”。另一方面，在能耗“双控”的背景下，“十二五”时期一些地区开展了节能量交易、用能权交易的制度探索，为“十三五”时期国家层面试点用能权交易制度提供了重要经验。“十二五”时期具有代表性的节能量、用能权交易制度地区性实践包括：2013 年 11 月，山东出台《山东省节能量交易管理暂行办法》，是全国首个地区性节能量交易管理办法；2015 年，江苏和福建相继出台了《江苏省项目节能量交易管理办法（试行）》和《福建省节能量交易规则（试行）》；2015 年，浙江省出台《关于推进我省用能权有偿使用和交易试点工作的指导意见》。这些实践与“十三五”时期国家试点用能权交易制度存在脉络上延续关系，在此作一简述。

首先，从名称和内容上看，山东、江苏、福建三省均提出节能量交易，浙江省提出用能权交易，在具体所指内容上，四省存在着差别。山东省提出的“节能量”可分为两类：一是目标节能量，主要指与政府签订节能目标责任书的用能单位在规定时限内完成的节能量，以及基于能源消费总量的节能量；二是项目节能量，即节能服务公司或用能单位通过实施节能技术改造，提高能源利用效率而形成的节能量。江苏省提出的“节能量”也分为两类，即项目节能量和淘汰生产装置的能耗削减量。福建省提出的“节能量”是在设定行业标杆值后经计算得出的节能量，优于标杆值产生的节能量可以出售，劣于标杆值多消费的能源量需要购入。浙江省所指用能权通过区分既有项目和新增用能来分别确定，根据情况提出了具体适用的方法。

其次，从规制对象与交易主体来看，浙江省用能权交易将年耗能 3000 吨标准煤以上的重点用能单位纳入用能权有偿使用和交易体系；山东省主要是与重点用能单位目标责任管理进行结合；江苏省的节能量交易中，与所列出两类节能量进行交易的主要是新进入企业/新上项目；福建省的规制对象是部分行业年耗能量 5000 吨标准煤及以上的重点用能单位。对于可参与市场交易的主体，浙江省的交易主体与规制对象相同，没有引入其他交易者；山东省除规制对象外，还有项目交易量的提供者也是在交易对象之中；江苏省规制对象需要与节能量的提供者进行交易，包括各类企业、节能服务公司、银行、投资公司等机构组织和符合条件的个人；福建省的规则下交易主体仅限于规制对象。

最后，从初始分配、价格形成等交易制度设计来看，浙江省初始用能权分配主要基于历史法，并根据亩产综合效益评价打分进行调整，按存量部分免费获得、新增用能有偿申购的方式进行；其他地区制度设计不涉及配额（权）的初始分配问题，而是以实际发生量为基础考虑如何核定。对于交易价格形成，浙江省办法中提出用能权交易初期的交易价格按照政府设定交易指导价进行，逐步过渡到市场定

价；其他地区在制度探索期基本上也遵循政府指导与市场形成价格相结合的形式来进行交易。

对比分析浙江、山东、江苏、福建四省制度设计可以看出，“十二五”时期几个具有代表性的省份结合地区现实情况对节能量、用能权交易制度进行了探索。从制度设计特点来看（参见表3-6），四省形成了有所区别的模式：

（1）浙江模式，主要表现为“产能控制型用能权交易”；

（2）山东模式，侧重于“重点用能单位节能量/项目节能量交易”；

（3）江苏模式，侧重于“项目节能量/产能置换节能量交易”；

（4）福建模式，表现为“基于能效标杆的节能量交易”。

**表3-6 “十二五”时期代表性地区节能量及用能权交易制度对比**

| 地区 | 浙江 | 山东 | 江苏 | 福建 |
| --- | --- | --- | --- | --- |
| 名称 | 用能权交易 | 节能量交易 | 节能量交易 | 节能量交易 |
| 模式特点 | 产能控制型用能权交易 | 重点用能单位节能量/项目节能量交易 | 项目节能量/产能置换节能量交易 | 基于能效标杆的节能量交易 |
| 省发指导文件 | 《关于推进我省用能权有偿使用和交易试点工作的指导意见》 | 《山东省节能量交易管理暂行办法》 | 《江苏省项目节能量交易管理办法（试行）》 | 《福建省节能量交易规则（试行）》 |
| 发文时间 | 2015年5月28日 | 2013年11月4日（有效期至2015年12月14日） | 2015年3月28日 | 2015年8月21日 |
| 交易标的界定 | 年度能源消费总量指标 | （1）重点用能单位节能量<br>（2）项目节能量 | （1）节能改造项目节能量<br>（2）淘汰生产装置的能耗削减量 | 未明确指出 |
| 规制对象 | 年耗能3000吨标煤以上的重点用能单位 | 重点用能单位 | 新进入企业/新上项目 | 部分行业年耗能量5000吨标准煤及以上的重点用能单位 |
| 可参与市场交易的主体 | 仅规制对象 | 规制对象＋其他交易主体（节能服务公司、用能单位以及银行、投资公司等机构） | 规制对象＋其他交易主体（企业、节能服务公司、银行、投资公司等机构组织和符合条件的个人） | 仅规制对象 |

这些实践在一定程度上成为“十三五”时期用能权交易试点的雏形。尽管从概念本身含义上看，节能量和用能权两个概念有明显区别，但从已有的制度实践上看，制度上是有较强共通性的。

需要指出的是，在具有共通性的同时，不同省份的实践有着细微差别，各地区结合自身需要进行了灵活的政策设计，这也为“十三五”的政策实践提供了多元化的经验。

### 3.5.3 “十三五”时期我国用能权交易制度进展综述

“十三五”时期，我国节能量交易逐步转为用能权交易，根据《国家发展改革委关于开展用能权有偿使用和交易试点工作的函》，浙江省、福建省、河南省、四川省进行了用能权有偿使用和交易制度试点工作。国家发展改革委积极推动试点工作并组织开展重点问题研究，四个试点地区稳步推进，截至2018年底，四个试点省基本完成前期研究和准备工作，制定了地区试点工作实施方案，形成了地区用能权交易制度基本框架。

从各试点省进展来看：浙江省在“十二五”后期已开展用能权制度探索，有一定实践经验。2018年8月，浙江省印发《浙江省用能权有偿使用和交易试点工作实施方案》，体现出制度设计思路中一些新的转变。浙江省原有制度安排主要考虑将高耗能行业的重点用能单位纳入范围，现有企业初始用能权无偿获得，新增用能权有偿获得，并设计了“引逼结合、鼓励先进”的差异化对待机制。在成为试点后的新阶段，浙江省正在探索对制度方案进行调整，方向是新增项目用能与淘汰落后、节能技改产生的用能空间进行置换交易。

福建省于2017年12月印发《福建省用能权有偿使用和交易试点实施方案》，方案设计中优先将火力发电、水泥制造等行业的重点用能单位纳入交易范围，并会逐步扩大行业覆盖范围。在用能权指标分配方法上，对既有产能采用基准法或历史法核定，对新增产能综合考虑固定资产投资项目节能审查意见进行核定；指标先期以免费分配为主。

河南省于2018年7月印发《河南省用能权有偿使用和交易试点实施方案》，方案设计思路主要是考虑选取部分地区（郑州、平顶山、鹤壁、济源等市），将重点行业年耗能5000吨标准煤以上的重点用能单位纳入范围，进行先行先试。用能权配额分配采取免费和有偿相结合的办法，初期以免费分配为主，逐步提高有偿分配比例。配额分配实行差异化政策，并会重点考虑控制煤炭消费工作；对既有产能，采用基准法或历史法核定配额；对新增产能，考虑固定资产投资项目节能审查意见。

四川省于2018年11月印发《四川省用能权有偿使用和交易管理暂行办法》，初步考虑纳入范围的重点用能单位为全省范围内年综合能源消费达到10000吨标准煤以上的企事业单位。用能权指标实行免费分配和有偿分配相结合的方式，初期以免费分配方式为主，考虑采用基准法或历史法进行用能权指标分配。在设计思路上还会探索将非重点用能单位节能量以及可再生能源绿色电力证书等作为补充交易产品。

总体上，四个试点省的方案在符合国家要求的基础上体现了一定的地区特点，也对用能权制度建设中的关键要素和重要问题进行了审慎的考虑和安排，当前进展对于进一步探索和推进用能权交易制度具有积极意义。

### 3.5.4　用能权交易制度展望

从当前进展与试点省的安排来看，下一步试点省会陆续发布地区用能权交易制度相关的配额分配、市场监管、平台建设、报告核查制度等方面的配套细则。试点省将在条件成熟的情况下将工作推进到实践层面，一些非试点地区也会结合本地实际对用能权交易制度进行探索。

在用能权交易制度的后续发展中，需要重点关注的是用能权交易制度与能耗强度和总量“双控”等节能管理制度如何更好地形成合力。用能权交易制度与能耗“双控”存在着密切的联系。在能耗“双控”下，如何实现用能权交易制度对宏观政策目标的支撑作用，并进一步激发用能主体自主节能积极性，是推进用能权交易制度的核心。

用能权交易制度是我国改革中的一项新的探索，没有其他国家经验可供借鉴，制度设计中的诸多细节问题需要经历一个摸索的过程，从这个意义上看，改革具有挑战性。接下来的工作除进一步完善方案和配套细则，将工作向实际运行层面推进外，还应注意研究用能权交易制度与碳排放权交易制度的协调问题，从国家层面进一步加强跟踪评估和指导，分析总结先进做法，传播经验，优化试点效果。

（裴庆冰/执笔）

## 3.6 我国碳交易体系建设回顾及展望

碳交易体系是我国低成本实现温室气体排放总量控制目标的必然选择。“十二五”时期以前，我国主要采用行政指令式和经济补贴式的政策工具推动节能减碳工作，虽然立竿见影、成效显著，但是管理成本高，财政负担重，确保减排成效及政策的可持续性面临巨大挑战。

碳交易实质上是碳排放权（配额）买卖，碳交易体系是在设定强制性的碳排放总量控制目标并允许进行碳排放配额交易的前提下，通过市场机制发现合理的排放配额价格，并以此优化配置碳排放空间资源的体系，为碳减排提供经济激励。碳是指以二氧化碳为代表的温室气体。碳交易体系为探索低成本、可持续的碳减排政策工具提供了可能性。

建设行之有效的碳交易体系不仅能够在优良的成本效益基础上实现温室排放总量控制目标，协同削减污染物排放，还可以倒逼产业结构与能源消费结构实现低碳化、绿色化，对建立健全绿色低碳循环发展的经济体系，构建市场导向的绿色技术创新体系，促进社会经济高质量发展起到积极推动作用。

党和政府高度重视碳交易体系建设。建设碳交易体系是贯彻习近平生态文明思想的重要实践，落实党中央、国务院的重大决策部署，践行创新、协调、绿色、开放、共享的新发展理念的重大举措，是提高我国应对气候变化国际领导力的重大行动。

习近平生态文明思想指出，提高环境治理水平，要充分利用市场化手段，完善资源环境价格机制。“十二五”时期以来，“十二五”规划纲要、《“十二五”节能减排综合性工作方案》、党的十八大报告、十八届三/五中全会决议、《国家应对气候变化规划（2014—2020年）》、《中共中央、国务院关于加快推进生态文明建设的意见》、“十三五”规划纲要、《“十三五”控制温室气体排放工作方案》等一系列重要文件对开展碳排放权交易试点、启动全国碳排放交易体系、建设全国碳排放权交易市场（以下称全国碳市场）均做出了安排部署。

2015年9月，习近平主席在华盛顿同美国总统奥巴马举行会谈期间，双方发表了《中美元首气候变化联合声明》。

党的十九大要求，积极参与全球气候治理，落实好减排承诺，合作应对气候变化，引导应对气候变化国际合作，成为全球生态文明建设的重要参与者、贡献者、引领者。

2019 年 7 月，李克强总理主持召开了国家应对气候变化及节能减排工作领导小组会议，指出要更加注重运用经济政策、法规标准等手段，加快建立碳排放权交易市场，构建节能减排长效机制。

### 3.6.1 碳交易试点是全国碳交易体系建设的起跑线

(1) 试点碳市场已经初具规模，初显减排成效

2011 年，国家发展改革委选择北京、天津、上海、重庆、湖北、广东、深圳七省市开展试点碳排放权交易市场（以下称试点碳市场）建设。2013 年 6 月，深圳试点碳市场率先启动，之后，其他六个试点碳市场相继启动。

目前，试点地区已经建成制度要素基本齐全且具地方特色、初具规模、运行基本稳定、初显减排成效的试点碳市场。

截至 2019 年 7 月底，七个试点碳市场覆盖了二十余个行业的约 3000 家重点排放单位，排放配额总量约 13.3 亿吨 $CO_2e$ 每年（$CO_2e$ 为二氧化碳当量），约占试点地区排放总量的 40%；现货交易排放配额约 3.2 亿吨 $CO_2e$，成交额约 72 亿元。纳入试点碳市场的重点排放单位履约率保持高位水平且逐年提高，重点排放单位通过碳市场减排初显成效。

例如，深圳试点碳市场 2013 履约年度纳入 635 家工业企业，2013 年较 2010 年碳排放量下降 383 万吨 $CO_2e$，降幅 11.7%。同时，其中 621 家制造业企业工业增加值增长 1051 亿元，增幅 42.6%。与 2014 年相比，2015、2016、2017 年湖北试点碳市场纳入重点排放单位碳排放分别下降了 3.14%、6.05%、2.59%，完成了控制温室气体排放的目标。2017 年上海试点碳市场纳管重点排放单位碳排放总量比 2013 年下降了 7%，煤炭总量下降了 11.7%。

这些实例表明，制度合理、市场有效、监管有力的碳市场不仅可以减少纳管企业温室气体排放，还可以推动经济增长。

(2) 依托试点碳市场创新发展碳普惠机制

广东省依托试点碳市场积极构建碳普惠机制，针对社区居民、普通市民、消费者、游客等不同活动主体设置减碳、节能、节水、低碳出行、低碳旅游、低碳消费

等绿色低碳活动，开发相应的碳减排量核证方法学，创建经济激励模式，并允许活动碳减排量参与广东试点碳市场履约抵消。

又如，北京试点碳市场开发的“我自愿每周再少开一天车”碳普惠活动，旨在借助北京试点碳市场充分调动公众自愿降低机动车使用强度，截至 2019 年 4 月（停止受理停驶申请），累计注册约 14 万人，停驶产生碳减排量约 3.5 万吨 $CO_2e$，单日形成减排量约 50 吨 $CO_2e$，交易金额约 130 万元。

依托试点碳市场发展碳普惠制，不仅为倡导绿色低碳生活和消费提供了经济激励机制，同时还增加了试点碳市场的流动性和活跃度，形成了强制减排与自愿减排相结合，生产减排和生活减排相互促进的格局。

目前，碳普惠机制健康发展的关键问题是建立可持续的运行发展机制，为此必须因地制宜地不断创新碳普惠活动与产品，构建实用性强、易用性好的碳普惠活动记录和减排量量化技术体系，依托碳交易体系不断创新商业模式和激励模式。此外，主管部门还应通过舆论引导、政策激励等措施积极营造良好的低碳生活和绿色消费氛围。

（3）碳交易试点为全国碳市场建设提供了宝贵经验

经过近 8 年大量细致探索性的工作，碳交易试点为建设全国碳市场建设营造了良好的舆论环境，提升了企业和公众实施碳管理、参与碳交易的理念和行动能力，锻炼培养了人才队伍，推动逐渐形成碳管理产业，更重要的是逐渐摸索出建设符合中国特色的碳交易体系的模式和路径，为设计、建设、运行管理切实可行、行之有效的全国碳市场提供了宝贵经验。

一是强化碳交易立法，完善管理机制。碳交易试点工作推进顺利、减排成效显著的地区通常是碳交易立法层级较高、碳市场建设工作管理有力的地区。碳交易立法是碳市场建设的难点和重点，高层级、强有力的碳交易立法为实现碳市场减排目标提供法律保障，不仅确保了碳交易政策的稳定性，使碳市场建设有法可依，还有利于加强对碳交易活动的监管，加强对违规和未履约重点排放单位的处罚力度。另外，碳市场建设是一项复杂的系统工程，涉及部门多，覆盖行业广。各级领导，特别是高层领导应高度重视碳市场建设，建立高效的碳市场建设管理及其协调机制，加强各部门之间及其与企业之间的协同和联动，将有力地推进碳市场建设和稳定发展。

二是强化排放监测，严格排放核查。碳交易的前提是碳排放的准确量化，因此确保碳排放数据质量是碳交易体系的内在要求和生命力的保障，而强化排放监测、严格排放核查是确保数据质量的重要手段。强化排放监测应构建分行业、分层级的排放监测技术体系，明确排放监测技术、设备和频率等要求，规范监测工作流程。严格排放核查首先必须建章立制，即制定出台严格细化的核查员、核查机构、核查活动管理规范。其次必须建立核查全流程监管机制，即建立核查机构内部审核制度，建立核查评估机制，加强事中事后监管，实现对核查机构、核查员、核查活动的长效化、全流程、标准化监管。特别是，严格限制核查机构的经营范围，加强核查行业自律，提高核查机构违规、违法成本，加大处罚力度，杜绝关联交易。最后是落实核查资金保障，持续开展核查能力建设。

三是合理确定总量，从紧分配配额。配额分配是碳市场建设的核心问题和难点，是重点排放单位最关注的问题。制定排放配额分配方案和开展配额分配工作时，应坚持“效果好、效率高、全透明、相对公平”的原则。采用“自下而上”和“自上而下”相结合的方法确定碳市场总量更适合我国国情，有助于处理好经济发展和碳减排之间的矛盾。配额总量应适度从紧，有助于确保配额的稀缺性。配额分配尽可能采用比较合理的基准线法，初期配额分配应以免费分配为主，在经济相对发达、大气污染治理任务紧迫的地区可尝试部分配额有偿拍卖的方式，有助于推动重点排放单位碳减排以及与大气污染物协同减排，有利于鼓励先进、淘汰落后，有助于防止过多发放排放配额和活跃碳市场。配额分配方法可以结合温室气体控制目标变化和市场建设需求进行调整，但要注意调整的节奏和幅度，需要保持配额分配技术方案的稳定性。

四是构建预警机制，加强市场监管。碳市场政策性强，且与能源、钢铁、石化等基础产业及其市场相关度高，一旦碳市场发生风险，极容易被放大，并引发系统性风险。试点碳市场总体运行平稳有序，但也暴露出潜在的市场风险，包括政策风险、市场操纵风险、舆情风险等。部分试点碳市场虽然制定了风险应急预案，但在具体实施中仍面临着合规使用财政资金、部门协调、实施方责权匹配等问题。碳市场必须建立各部门协同的风险预警机制，持续跟踪市场情况，及时识别风险，准确评估风险，及时预警风险，建立风险处置预案库并及时有效处置风险，做到防患于未然，将市场风险危害降低到最低程度。

五是加强能力建设，构建成效评估机制。构建能力建设长效机制，编制统一培训教材，加强师资队伍建设，针对管理部门、重点排放单位、核查机构持续开展能力培训，加强培训成效考核评估，不断加强各部门、重点排放单位和核查机构的基础能力。制定科学合理的评价指标体系，评估碳市场顶层设计的合理性，评估碳市场运行的有效性，评估碳市场的减排成效。通过评估分析，发现碳市场基础制度设计与建设、支撑系统建设与运维管理及市场监管中存在的问题，以此为导向，有的放矢，探索有效的解决办法，不断完善碳交易体系。

### 3.6.2 全国碳市场建设的新要求与进展

2017 年 12 月，国务院碳交易主管部门宣布启动全国碳交易体系，发布《全国碳排放权交易市场建设方案（发电行业）》，这是我国碳交易体系建设的里程碑。2018 年 4 月，按照党中央、国务院关于机构改革的决策部署，国务院碳交易主管部门由国家发展改革委转隶至生态环境部，也对全国碳市场建设提出了新要求。

一是以习近平生态文明思想为指南，开展全国碳市场建设。在全国碳市场建设中要统一大气污染防治和气候变化应对，要探索发挥市场配置资源的决定性作用和更好发挥政府作用的有效途径，不断提高通过碳交易市场机制控制温室气体排放和环境治理水平。

二是进一步加强对地方开展全国碳市场建设的指导。地方碳交易主管部门和支撑机构转隶情况不同，从事碳市场建设的能力不同，因此，国务院碳交易主管部门应进一步加强组织领导，加快重构和完善全国碳市场建设管理体系，加大全国碳市场能力建设，加强资金保障，确保建设力度不减。

三是进一步强化政策协调和机制协同。用能权交易体系、绿证交易体系、排污权交易体系与碳交易体系同属于环境权益交易体系，它们既有交叉又各具特色，亟须开展政策协调和机制协同探索，实现温室气体排放控制和大气污染治理、节能等统筹、协同、增效。

转隶后，生态环境部从推动碳交易立法、建立健全制度体系、加快基础设施建设、强化基础能力建设等方面稳步推进全国碳市场建设。在法律法规体系建设方面，积极构建以《碳排放权交易管理暂行办法》为基础框架，以各类配套规章为支撑的“1＋N”型法律法规体系，为全国碳市场建章立制。在碳排放数据管理方面，持续强化排放数据管理制度建设，持续推进重点排放单位历史碳排放数据报告和核查工作，进一步强化了对碳排放监测工作的要求，为开展排放配额分配奠定基础。在摸清碳排放数据的基础上，正在研究制定发电行业配额分配方案和技术指南，并

将分片区在全国开展发电企业配额分配试算。根据试算反馈意见，进一步修改完善配额分配技术指南。此外，以问题为导向，积极安排部署对各省区市碳交易主管部门、技术支撑单位、重点排放单位人员开展全国碳市场能力建设活动，提升各方建设碳市场、参与碳交易的能力。

### 3.6.3　推进全国碳市场建设的举措建议

未来几年，全国碳市场建设任务依然艰巨。必须在习近平生态文明思想指引下，根据《“十三五”控制温室气体排放方案》《全国碳排放权交易市场建设方案（发电行业）》的目标任务，结合新形势和新要求，聚焦关键问题，探索解决方案，扎实推进全国碳排放交易法律法规体系、基础制度和支撑系统建设，努力打好全国碳市场建设攻坚战，建成切实可行、行之有效的全国碳市场。

结合全国碳市场建设工作需求，针对建设工作中存在的问题，当务之急应抓好以下工作：

一是强化顶层设计，加强统筹协调和责任落实。以全国碳市场的法律法规和政策为导向，进一步加强全国碳市场顶层设计，细化建设方案，制定清晰的建设路线图和时间表。明晰国务院各部门、地方主管部门、企业以及支撑机构的任务分工，加强协调沟通，充分调动各方积极性，抓好各项建设任务责任落实。

二是尽快推动碳交易立法。碳交易立法是关系到碳市场建设成败的核心因素，应加强国务院相关部门、地方政府、企业之间的协调沟通，统筹协调，积极推动将《碳排放权交易管理暂行办法》列入立法优先工作事项，集中力量推动条例尽快出台。

三是尽快出台配额分配方案。在配额分配试算和广泛听取重点排放单位意见的基础上，充分考虑地区差异性和行业差异性，统筹经济可持续协调发展和碳减排要求，尽快出台适于我国国情的排放配额分配方案，以免影响企业参与碳交易的积极性，削弱碳市场的减排成效。处理好配额分配中地区差异性和行业差异性问题是一个长期的、艰巨的政策和技术挑战，必须坚持全国碳市场“一个方法、一个标准”的原则，必须不断探索政策和技术，综合运用政策、技术、经济手段，实现成效与效率兼顾、公平性与差异性兼顾。同时，还要防止出现新的差异化，防止割裂全国碳市场，防止增加管理成本。

四是加强注册登记系统和交易系统建设。注册登记系统和交易系统是全国碳市场的核心支撑系统。应加强对注册登记系统、交易系统联建省市建设任务统筹协调，加快制定出台系统管理办法，尽快建成两系统及其管理机构。注册登记系统和交易系统建设中要注重功能协调和软硬件相互匹配，运维管理两系统以及两系统用于监管碳市场时要注重环节对接，实现统一监管。

五是确保试点碳市场向全国碳市场平稳过渡。为做好全国碳市场建设工作，不仅应推动试点碳市场向全国碳市场平稳过渡，还应深化试点碳市场建设，持续发挥试点碳市场的作用。国务院碳交易主管部门应尽快明确试点碳市场的定位和作用，明确全国碳市建设任务和时间表，为试点碳市场平稳过渡到全国碳市场提供清晰的目标、路径和时间指引；应在坚持充分尊重碳交易试点省市首创精神、坚持全国碳市场统一运行和统一管理的基础上，结合对试点碳市场评估结果，集思广益，凝聚共识，尽快制定出既因地制宜，又与全国碳市场建设规划一致的试点碳市场平稳过渡方案。

六是尽快完成温室气体自愿减排交易体系管理改革。截至2019年底，温室气体自愿减排交易体系已经上线交易5年有余，相对于试点碳市场排放配额交易，中国核证的温室气体自愿减排量（CCER）交易相对活跃，并积极参与试点碳市场碳排放权履约，在推动项目级碳减排、降低重点排放单位履约成本、倡导低碳生活等方面已发挥重要作用，可以预见CCER及交易体系可能是全国碳市场重要的补充机制。2017年3月，温室气体自愿减排交易体系开展管理改革，应在确保CCER质量的前提下，简化项目审定和减排量核证程序，应进一步加快改革进程，尽快推动重启温室气体自愿减排项目和减排量受理。

七是充分调动大型企业积极性，发挥其在全国碳市场建设中的引领示范作用。大型企业是全国碳市场重要参与主体，碳交易主管部门要使企业深刻认识到，建立全国碳市场是企业低成本实现碳排放总量控制目标的有效途径，是推动企业低碳发展转型的重要举措，是企业自身高质量发展的内在要求。在全国碳市场建设中，碳交易主管部门应与大型企业及其管理部门建立互动管理机制，充分调动大型企业参与全国碳市场建设的积极性，充分利用大型企业的资金、技术和管理优势推动全国碳市场建设。

总之，建设碳交易体系是大力推进低碳发展的重要途径，也是生态文明建设的重要战略任务。碳交易体系建设是复杂的系统工程，是机制体制的创新，不可能一蹴而就，必须坚持以减排为核心定位，以市场机制为核心手段，更好利用生态环境管理体系的优势，以大量扎实的工作为基础，积极稳妥推进全国碳市场建设。

（李俊峰、张昕/执笔）

# 第4章 国内智慧能源产业主流企业

智慧能源产业发展迅速，市场上涌现出一大批生产或销售智慧能源产品、研发智慧能源技术及解决方案的企业，具体包括但不限于以下企业：能源管理解决方案企业、传感及计量器具企业、智慧照明企业、智慧家电企业、建筑节能企业、节能技术服务企业、新能源生产企业、可再生能源企业、分布式能源及多能互补企业、配电及电力零售企业、能源站及运维企业、传感器提供商、电信服务商、投融资机构、检测认证机构、碳交易机构等。

从总体上看，我国智慧能源企业主要由信息技术企业、节能环保企业和一大批新能源企业转型而成。从产业链上看，我国智慧能源企业主要包含了硬件设备供应商、系统集成和解决方案供应商、信息技术服务供应商和节能服务供应商等。

## 4.1 协鑫能源科技股份有限公司

协鑫能源科技股份有限公司（以下称协鑫能科）系协鑫（集团）控股有限公司（以下称协鑫集团）旗下企业，是国内领先的清洁能源综合服务商。协鑫集团是一家以新能源、清洁能源为主，相关产业多元化发展的综合能源龙头企业，拥有多家A股、H股上市公司，连续3年位列全球新能源企业前三，2018年位居中国企业500强第139位。协鑫能科作为协鑫集团清洁能源发展的核心平台，聚焦绿色能源运营和综合能源服务，与泛在电力物联网相互渗透和深度融合，独创“源—网—售—用—云”能源互联新模式，为用户提供智慧能源服务及一体化综合能源解决方案。

在能源供给侧领域，公司运营及在建总装机容量近400万千瓦，清洁能源占比近90%，装机结构优质，符合国家清洁能源战略。公司深耕长三角、珠三角和京津冀等地工业园区，业务范围涵盖天然气发电、风力发电、生物质发电、垃圾发电等，在建、拟建项目充足，业绩增长动力强劲。

随着电力体制改革持续推进，公司在综合能源服务领域大有可为：公司热网覆盖面积约5600平方千米，工商业用户超过4000家；拥有电力需求侧管理服务机构一级资质，管理容量超过1200万千瓦；2018年售电量超过123亿千瓦时，位居江苏省前三。公司是参与国家增量配电业务改革试点项目最多的民营企业，并在国网区域内获得首张电力业务许可证；其“嫦娥”系列储能电站的1号项目为国内用户侧最大单体锂电池储能项目。除此之外，公司海外业务领域还拓展至东南亚、欧洲等地，精准定位能源领域蓝海市场。

## 4.2 新奥数能科技有限公司

新奥数能科技有限公司（以下称新奥数能）是国内领先的数字能源互联网企业。

作为新奥集团战略升级的重点，新奥数能聚合全球能源和数字领域顶尖人才，应用物联网与人工智能等前沿技术，率先突破数字和能源跨界融合，打造数据驱动的智慧化数字能源平台——泛能网，为用能企业、能源供应商、综合能源运营商和政府等能源生态各方提供数字能源解决方案。

新奥数能产品线覆盖用、供、配、管，以及交易、运维等能源生态各方。一方面，其通过泛能网平台提供的智慧运维产品，直接服务于用能企业、能源供应商和管网运营商，并赋能运维服务商、节能服务商等生态伙伴，为客户提供智慧运维服务；另一方面，其面向各类能源产品服务商，以共享资源、共享数据等方式展开合作。最终，基于平台积累的海量能源数据和场景，向行业开放泛能网平台，支撑生态各方高效、低成本地开发海量生态服务产品，降低终端用能成本，提升能源系统效率，降低能源设施投资规模，提高整体产业的效率及效能，进而实现客户价值最大化，助力构建多方共赢的清洁能源生态圈，为建设现代能源体系贡献力量。

在人才队伍建设方面，新奥数能汇聚来自能源巨头及IBM、GE、BAT、Google、SAP、微软、ABB、施耐德等全球顶级互联网、软件和工业控制企业的优秀人才，目前，已有450多位精英汇聚，其中技术研发团队300余人，硕士以上131人，博士16人。

在技术研发方面，新奥数能以泛能网平台为载体，持续在能源技术、信息技术、物联技术、大数据和人工智能方面进行自主创新。在大量落地项目中积淀了海量数据，打造了先进的算法模型。

（1）以泛能 CIM$^{TM}$（Common Information Model）为核心，建设设备建模标准、物联场景标准、指标计算标准、指标评价标准、数据共享规范等能源生态的统一语言，推进行业技术标准的建立。目前，泛能 CIM 已经取得重大进展。

（2）泛能大脑 TM：精准预测用户个性化的能量需求，打破能源竖井和设施孤岛，因地制宜挖掘资源禀赋。基于经济、能效、环保等综合因素，“能源大脑”形成多能流的最优路径，降低终端能耗，实现能源的梯级利用和设施的高效共享。从而引导能量有序、高效流动，实现整体优化配置，实现熵减，提升系统能效。

目前，泛能网正在为上海、天津、杭州、青岛、长沙、开封、廊坊、株洲、盐城、滁州、新乡等 40 多座城市中的 100 多个产业园区提供多维能源服务。

截至 2019 年 7 月，泛能网平台已为全国 500 多家用能企业、近 60 家能源供应商提供数据智能支持和多维服务，管理用电规模 356 亿千瓦时每年，管理用热规模 362 万吨每年。

## 4.3　国网节能服务有限公司

国网节能服务有限公司（以下称国网节能公司，现已更名为国网综合能源服务集团有限公司）成立于 2013 年 1 月，是国家电网有限公司（以下称国网公司）的全资子公司，是国网公司综合能源服务产业的龙头企业。

公司战略目标是：建设具有全球竞争力的世界一流综合能源服务提供商和平台运营商，根据国网公司泛在电力物联网建设和综合能源服务市场需求，成为全球综合能源服务行业发展引领者、国际一流综合能源服务品牌缔造者。

国网节能公司主营的综合能源服务业务是一种新型的为满足终端客户多元化能源生产与消费的能源服务方式，是以能源互联网、智慧能源和多能互补为发展方向，以智能电网、大云物移、互动服务为支撑手段构建的以电为中心，智慧应用的新型能源服务模式。开展综合能源服务业务就是要推进综合能源系统的建设。综合能源系统是指在一定区域内利用先进物理信息技术和创新管理模式，整合区域内多种能源形式，实现多种异质能源子系统之间协调规划、优化运行、协同管理、交互影响和互补互济，在满足系统内多元化用能需求的同时有效提升能源利用效率，促进可再生能源可持续发展的新型一体化的能源系统。

国网节能公司旨在将综合能源服务业务作为泛在电力物联网客户侧建设的重要载体，推动客户侧各类能源设施与电网广泛互联和深度感知，促进能效提升，电能质量改善、清洁能源生产和消纳及更好的多能服务，并在国网公司统一部署下，继续推进“绿色国网”平台建设，积极推进综合能源服务智能运营管理平台和综合能源服务项目从规划到设计、建设以及运维服务全生命周期数字化管控平台建设。

作为“中国综合能源服务产业创新发展联盟”和“中电联售电与综合能源服务分会”秘书处单位，国网节能公司已在跨领域资源和技术整合方面积累了一定经验，并通过与国际知名设备公司合作，为公司开发区域能源站等综合能源服务项目积累了一定的技术、产品优势。其旗下国网（北京）综合能源规划设计研究院有限公司，聚集了一批优秀综合能源服务专业人才，为公司开展综合能源服务业务提供技术支撑。

未来，国网节能公司将重点打造综合能源供应服务、系统建设服务、运营及增值服务、专业运维服务、产业链金融及碳资产管理服务、高端装备集成服务等6大产业板块。构建综合能源服务生态圈，打造共享新业态；建设智慧能源综合服务平台，挖掘数据新价值；强化科技创新能力建设，激发发展新动能；加快打造一批重大示范项目，抢占发展制高点；有效整合综合能源服务资源，构建发展新模式；建设国际一流设计研究院，打造核心竞争力。

围绕业务定位，公司将统筹相关资源，打造综合能源服务产业集群，主要包括：以“绿色国网”智慧能源综合服务平台为重要抓手，大力发展生物质能、能效服务、储能、专业运维等重点业务；提前培育氢能、区块链能源交易、能源数据增值和碳交易等前瞻业务；积极开展分布式光伏、分散式风电、海上风电和供冷供热供气等多能服务业务；通过引进吸收、投资参股等方式，联合研发具有核心技术竞争力的智能感知芯片、能源路由器、相变蓄热、超低温空气源热泵、高压电极式电锅炉以及电解水制氢等高端核心装备；建立从投资、技术、装备到设计、施工全方位“走出去”的国际产能合作模式，推进行业技术进步和产业升级。

结合国家“一带一路”、美丽中国建设等，面向智慧城市、产业新城、大型园区以及县域循环经济等重点领域，国网节能公司也将积极参与规划，培育、打造一批投资在10亿级以上的重大示范项目，支撑泛在电力物联网示范区建设，形成技术先进、经济可行、可复制推广的典型商业模式；以多能互济、清洁高效为导向，

在钢铁冶金、装备制造、交通枢纽、物流仓储、化工制药、高校、医院等重点行业，形成具有核心竞争优势的整体解决方案；优选行业龙头企业开展合作，打造各行业综合能源服务精品标杆工程；开展以生物质能综合利用为主的县域能源循环经济圈试点示范建设，支撑城乡融合发展和美丽乡村建设；联合高校、科研企业，积极申报国家各部委、公司重点科技示范工程，提升“源—网—荷—储”协同控制、智慧能源综合服务平台、用能优化等方面的核心能力。

## 4.4　北京燃气能源发展有限公司

北京燃气能源发展有限公司（以下称北燃能源公司）是北京燃气集团下属全资子公司，是集团公司下游延伸的平台。公司定位于区域清洁能源服务商，对指定区域开展能源统筹规划，采用规划、设计、投资、建设、运营一体化的商务模式，集成多种新能源技术、最大化地使用可再生能源为用户提供供冷、供热、供电服务。公司打造以燃气分布式能源为核心、多能源耦合的综合能源系统，利用智慧能源管理系统，实现区域内能源统一调度管理，保障区域“低碳、高效、低成本、可持续”发展。能源公司秉承集团公司发展战略，各项经营指标持续增长，年均增长23.72%，连续三年实现盈利。

北燃能源公司连续两次获得北京市高新技术企业资质，公司重视自主研发和科技成果转化，积极参与北京市课题和集团课题科技研发，截至2019年10月，获得并持有专利50项，其中发明专利4项，实用新型专利46项，实现科技成果转化14项；累计获得业界荣誉31项；建立了公司内部技术审查专家团队，实现了由技术文件评审外审向内审的转变；首次开展项目可研报告的自主编制和对外提供咨询服务，实现了为公司创收；不断加强信息化建设并与大数据融合，开发了智慧能源平台系统；全力推进“多能协同、智能耦合”的区域能源规划体系建设，并朝着集成化、智能化、精益化方向发展。北燃能源公司对外逐步树立公司品牌形象，增强公司市场影响力，在未来能源大会中获得“2018—2019年度未来能源企业奖”。

公司从2017年提出了“多能协同，智能耦合”的核心理念，采用“多能协同，智慧耦合”综合智慧能源技术，以燃气冷、热、电三联供作为基础能源保障，优先利用地热能、太阳能等可再生能源，配合蓄能、储能技术，以智能化的调度平台有效保障区域能源供应。该技术具有 4 个优势：一是提高能源供应充裕性和安全性。以天然气作为基础保障，耦合可再生能源，弥补可再生能源不连续、不稳定的问题，使能源得到充分利用，保障系统安全稳定。二是分布式、组团式能源开发及供应。对多种能源形式实行统一规划、分布开发，建立分布式能源网，多个能源站实现互联互通、智能备用。三是实现智能化能源运营管理。结合可再生能源的特性，进一步降低运行成本，实现多能协同，智能耦合。四是系统化一体式规划、设计、建设、运营。通过智能规划、管网规划，实现一体化设计，使能源供应结构优化，提升系统能源效率，降低造价。

公司在“多能协同，智能耦合”的核心理念提出后，于 2018 年进行能源管理云平台的构架，做到让系统“苏醒”，使数据“说话”，实现精确调度，按需供能。自控系统完成项目就地控制与数据获取；智慧能源管控平台实现多能协同、智能耦合的运行策略优化与调度、负荷预测、仿真模拟、能效机房 PDCA 管控体系；北燃能源智慧云中心 BGSCC 实现企业级管理、城市级对接、信息共享、商务合作与能源交易、能源管理、项目管理、决策支持。目前，该平台已应用于北京城市副中心项目，在经济上，严格控制供能系统投资，项目全周期单位投资处于行业领先水平，热价不高于发改委定价，冷价低于其他公司负责的副中心能源站。在技术上，地源热泵（含蓄能）装机比例＞80％，清洁能源利用率 100％，可再生能源利用率＞56％（不计算绿能＞41％），能源站（供冷）能耗评价指标 EER＞4.4，系统效率＞3，节能率 35％，能源系统二氧化碳减排率 41％。

北燃能源公司将京、冀、陕三省市及鲁、苏、浙、粤四省列为重点目标市场。截至 2018 年底，已投产和在建项目的装机量为 65 万千瓦，总供能面积约 795 万平方米，运营项目后评价情况良好，形成了三联供、供冷热类、供蒸汽类等技术整合型的综合能源及运营型供热有机结合的项目结构。

公司致力于到 2030 年成为国内综合能源服务行业的无可争议的领跑者。迅速扩大规模，成为百亿规模级别的综合能源企业，收入、利润、技术等重要指标稳居国内同行业前三位。打造重点示范项目，占领清洁能源市场业务发展高地，并实现业务国际化。

在业务拓展方面，北燃能源公司从全国供能需求角度，将目光聚焦在“供热、冷热/冷、工业蒸汽”需求密集的市场区域；从自身出发，聚焦在具备集团资源优

势及经济发达需求充分的市场区域，并将京、冀、陕三省市及鲁、苏、浙、粤四省列为重点目标市场。

在创新引领方面，北燃能源公司要做行业标准的引领者和制定者，打造“互联网+”综合能源的核心竞争体系；做综合清洁能源应用的技术整合者，加强综合能源统一规划。

在人才保障方面，北燃能源公司立足“以企业精神聚集人才，以人才引领企业发展”的理念，打造人才队伍，优化人才结构，激发人才活力，发挥人才驱动发展作用。

在数字运营方面，北燃能源公司借助大数据和信息化发展，打造具有数字化特色的标杆型运营服务体系；通过企业数字化转型，打造智慧能源管控平台、实现运营管控数据化、信息化和智能化。

在资本助力方面，北燃能源公司通过项目并购，实现快速发展；通过基金运作，提升产融结合。作为集团公司机制体制“试验田”，公司在条件具备的情况下展开混改尝试，做改革的先锋者。

## 4.5　江苏慧智能源工程技术创新研究院有限公司

江苏慧智能源工程技术创新研究院有限公司（以下称慧智研究院）成立于2018年10月22日，主营业务包括：工程咨询、工程设计、技术咨询、技术开发与服务、技术推广、技术成果转让，数据服务；软件开发，系统集成，会展服务。

慧智研究院由江宁开发区管委会、江苏竞泰清洁能源发展有限公司、沃太能源南通有限公司和专家团队共同发起设立，2019年10月被南京市科技局认定为南京市新型研发机构。下设综合事务部、技术研究中心、技术成果转化中心、市场工程部和投资孵化部，是上海交通大学、广东工业大学、清华大学张家港智能电力研究院、重庆长安、奇瑞汽车和江铃汽车等多家具有国家重点实验室的产学研合作单位。

慧智研究院作为新能源汽车电池回收利用的研发应用机构，将汽车动力电池梯次利用、生产平台和区域综合能源技术作为重点的研发方向之一，依托混合动力乘用车国家地方联合实验室，采用市场化运作的新模式，打造国际领先、国内一流的国家级电动汽车电池梯次利用技术研发应用平台。研发领域包括但不限于：基于功能安全标准 ISO 26262 开发动力电池 BMS 系统、梯次各场景 EMS、梯次电池筛选检测、梯次电池备电产品等。慧智研究院与多家汽车企业在退役动力锂电池梯次利用方面开展了深入合作。同时，慧智研究院股东方竞泰清洁能源是江苏省动力电池回收利用产业联盟副理事长单位，为研究院梯次利用提供了货源保障。

在储能技术上，慧智研究院有三元锂梯次储能微电网案例、标准梯次检测生产线、用于梯次电池的 BMS 算法、分组重选技术和成熟的 EMS 方案。在储能项目上，慧智研究院与央企、国家电网等合作开发投资网域侧梯次储能项目，并储备了大量优质用户侧储能项目。此外，慧智研究院在多能互补、增量配电网、特色小镇、智能微电网等方面也积累了丰富的实践经验，在相关技术和解决方案上与研发机构进行了深度合作。

未来，慧智研究院主要专注于以下方向：打造电动汽车电池梯次利用技术研发、生产平台和区域综合能源技术研发平台和区域综合能源技术研发平台，并把主要技术产品市场化，将研发电动汽车电池梯次利用中的 BMS（电池管理系统）和光储 EMS（能量管理系统），并在 2020 年上半年孵化电动汽车电池梯次利用工厂。

## 4.6　珠海横琴能源发展有限公司

珠海横琴能源发展有限公司成立于 2015 年 9 月 6 日，由国家电投集团广东电力有限公司和珠海大横琴股份有限公司合资组建，负责横琴区域供冷、供热、购售电等项目的开发、建设和运营。公司注册资金为 3 亿元人民币，股东出资比例分别为 55%和 45%。

作为横琴新区的基础配套综合能源供应企业，公司积极落实国务院批复的《横琴总体发展规划》，致力于向全岛供电、冷、热、汽、水等综合能源，是横琴新区（自贸区）建设“生态岛”和打造国家低碳城（镇）试点项目的重要能源依托。

按照《珠海市横琴新区热电冷多联供规划》，横琴新区共划分五大供冷片区，拟建设 9 个制冷站，总装机规模达到 45 万冷吨，总投资约 30 亿元人民币。

项目一期建设规模包括 4 个冷站（1、3、7、10 号冷站）及配套冷冻水管网和供热管道 32.35 千米，总投资约 13.07 亿元。3 号冷站于 2016 年 5 月已正式向横琴

总部大厦、国际网球中心WTA、消防中队、横琴新区第一小学、幼儿园、横琴新区新家园商业街等片区供冷，1、7、10号冷站建设已陆续启动，并已开始项目二期工程的申报工作。

面向未来，珠海横琴能源发展有限公司将构建具有核心技术能力的综合智慧能源管理体系，打造更加高效节能的“互联网+”智慧能源示范项目，向着打造行业领先的创新型区域综合能源示范企业的目标奋力前行。

## 4.7 上海电力绿色能源有限公司

上海电力绿色能源有限公司是上海电力股份有限公司的全资子公司，成立于2014年6月，主要从事天然气分布式能源项目开发、建设和投资管理。公司以“奉献绿色能源，服务社会公众”为宗旨，为目标客户提供低碳、高效、可靠的清洁能源。

2014年，根据《关于上海电力绿色能源有限公司组织机构和运营管理方案的批复》(中电投上海人资〔2014〕425号）的精神，将已成立的上海前滩新能源发展有限公司和上海世博绿色能源有限公司，由上海电力股份有限公司授权上海电力绿色能源有限公司一体化运作。同时，新增天然气分布式能源项目公司也将纳入上海电力绿色能源有限公司进行统一管理或直接管理。

上海前滩新能源发展有限公司成立于2013年，由上海电力股份有限公司和上海前滩国际商务区投资（集团）有限公司共同出资，出资比例分别为70%和30%。

前滩地区是以世博会为核心的黄浦江南部滨江区域的重要组成部分，东至济阳路，南至中环线（华夏路)，西至黄浦江，北至川杨河。

上海世博绿色能源有限公司成立于2014年，由上海电力股份有限公司和上海世博发展（集团）有限公司共同出资，出资比例分别为70%和30%。主要负责上海世博会A片区能源中心项目的开发建设及运营。

世博A片区规划范围东至白莲泾，南至浦东南路、洪山路、雪野路、高科西路，西至上南路，北至黄浦江。

此外，上海西岸绿色能源有限公司成立于2016年，由上海电力绿色能源有限公司占股70%，西岸传媒港开发单位上海西岸开发（集团）有限公司占股30%。

该公司开发的西岸传媒港能源中心项目所处的西岸传媒港位于上海徐汇滨江地区东南，北侧临近徐家汇城市副中心，东北侧临近世博会规划区，西侧临近上海南站。占地面积约 22 万平方米，约占整个滨江区域土地面积的 4%。其以“东方梦工厂”为旗舰，引入传媒、影视制作、数字娱乐等特色产业，是徐汇滨江的重要先导项目。

上海电力绿色能源有限公司根据国家电力投资集团公司和上海电力股份有限公司加快天然气分布式能源发展的战略要求，充分发扬“三千精神”，扎实推进工程建设，积极开拓项目市场，抢占分布式能源人才技术制高点。未来，公司将努力建设“互联网+”智慧能源基地，精心打造一个具有绿能特色的工业 4.0 能源企业。

## 4.8 阳光电源股份有限公司

阳光电源股份有限公司（以下称阳光电源）成立于 1997 年，是一家专注于太阳能、风能、储能、电动汽车等新能源电源设备的研发、生产、销售和服务的国家重点高新技术企业。

一直以来，阳光电源始终坚持以市场需求为导向，以技术创新作为企业发展的动力源，以智能逆变器为核心，为客户提供从设备、数据分析、管理到运维的一整套 iSolar 智慧阳光解决方案，打通电站智慧化脉络，并为能源互联网提供了充分的数据接口和数据支持。阳光电源智能逆变器不仅是一个发电设备，更是整个电站中众多运行数据最关键的传感器，是整个智慧电站建设的核心和基础。

一方面，逆变器可通过组串及组件 IV 曲线扫描、拉弧监测等功能，以及对自身的 IGBT、电容、滤波电抗、冷却风机、继电器等关键部件的状态监测及大数据分析，及时了解逆变器自身健康状态，并生成“体检报告”，实现对组件、线缆以及逆变器自身的精细化管理。另一方面，智能逆变器内部集成数据采集单元，实时收集组件、跟踪系统、汇流箱、逆变器、变压器、环网柜等发电系统各部件上的数据信息，并进行状态监测及健康度诊断，通过标准通信接口和统一规约，为电站可靠调度和设备运维提供信息与依据，通信组态和调试也更加简单迅捷。此外，智能逆变器通过优化的控制算法，不断提升电网接入友好性，不仅在各种恶劣电网环境

下保持并网运行，同时通过无功调相技术、智慧调度技术、虚拟同步技术、光储融合技术等加强对电网的支撑能力。

智能逆变器将采集到的数据上传至上一级平台——阳光电源智慧能源管理平台。智慧能源管理平台实时监测组件、逆变器、变压器等相关设备的运行状态，基于大数据分析，从横向与纵向、时间与空间维度，对电站数据进行对比分析，实时诊断、分析，并准确判别故障；通过建模分析，对设备故障、老化水平等进行预测，通过远程专家诊断、知识库建设等手段不断提升光伏电站的智慧化程度；同时将科学的仓储管理系统与线下接口相结合，实现运维无缝对接，通过线上驱动线下，快速消缺，实现智慧运维。

未来，阳光电源将继续坚持将互联网、云计算、大数据、人工智能、IoT 通信等现代信息技术与新能源产业进行深度融合，助力电站朝着数字化、智能化、信息化的方向高速发展。

## 4.9　同方节能工程技术公司

同方股份有限公司（以下称同方股份）于 1997 年 6 月成立。2005 年，同方股份位列“中国电子信息企业 500 强”第 23 位，是中国政府重点支持的电子百强企业。公司拥有一支致力于观念创新、体制创新、技术创新的高级管理、工程技术人员队伍。公司通过“产、学、研”，与清华大学等高校合作建立人才培养基地，在利用外部专家、学者和尖端科研人才和设施的同时，进一步带动企业内部人员综合素质的提高。

同方股份旗下同方节能工程技术公司（以下称同方节能）依托清华大学科研优势和自身在供热领域近 30 年的经验积累，基于对城市各类输配管线特性和能源生产与供应系统的深刻理解，致力于打造智慧节能供热产业生态。同方节能结合智能化、信息化技术，集成智慧供热、余热利用、清洁能源和综合能源四大技术体系，贯穿能源生产、能源输配、能源消费到能源智慧化运营的各环节，打通了从热网技术、物联网技术到信息化技术的各个层面，提供从方案论证、设计到成套设备安装调试的一体化综合解决方案，服务绿色、智慧能源的发展。

同方节能 2011 年入选国家发展改革委第二批节能服务公司名录，2013 年入选工业和信息化部第三批节能服务公司推荐名录。

同方节能致力于智慧、绿色、健康的城市能源系统科技服务，主要业务包括节能工程服务、城市能源节能运营服务、节能软硬件开发服务三个方面。公司致力于成为智慧能源的领航者，实现多能源协同互补、多技术耦合条件下的城市智慧能源网建设。

经过多年的发展，同方节能在集中供热领域先后实施了百余个大中型集中供热项目，大大提高了这些项目的运行管理水平，降低能耗达15%左右，取得了重要的社会效益和经济效益。

在智慧热网方面，公司累计实施的供热面积超过15亿平方米（按每平方米1.0元投资），累计实施换热站数量超过15000个（按1个换热站10万平方米计）；在热网节能改造EMC方面，自2012年起至今，已实施项目供热面积超过2亿平方米，年节能效益超过亿元（不包括与业主分享部分）。

其中，滕州市城区高温热水供热管网监控系统工程荣获“2014年度全国智能建筑百项经典工程”，无人值守智能换热站荣获“河北省建设行业科学技术进步一等奖”；锦州城市集中供热工程热网监测（计量）系统热网、换热站自控系统设备采购及系统安装项目被评为“智能建筑精品工程”；锦州热网自控系统在2012年第九届精瑞科学技术奖评选中获得“人居智能化创新优秀奖”；新疆天富热电股份有限公司多热源联网热网自动化监控系统研究与应用荣获“八师石河子市科学技术进步一等奖”；大同市集中供热项目热网监控系统工程荣获“2009年度全国优秀工程勘察设计行业奖”“建筑智能化一等奖”。

## 4.10 天合光能股份有限公司

天合光能股份有限公司（以下称天合光能）创立于1997年，是一家全球领先的光伏智慧能源整体解决方案提供商，主要业务包括光伏产品、光伏系统、智慧能源三大板块，业务覆盖光伏组件的研发、生产和销售，电站及系统产品，光伏发电及运维服务，智能微网及多能系统的开发和销售以及能源云平台运营等。

设立在天合光能的“光伏科学与技术国家重点实验室”，是中国首批获得科技部认定的光伏企业国家重点实验室。公司与世界一流的研发和认证测试机构合作，

搭建了以海内外优秀科研人员为骨干的技术创新队伍，引领中国光伏企业开启了参与制定国际标准的先河，成为全球太阳能行业的创新引领者和标准制定者，发明专利数量居光伏行业前列。至今，天合光能的“光伏科学与技术国家重点实验室”在光伏电池转换效率和组件输出功率方面先后19次创造和刷新世界纪录。

2018年，天合光能斩获中国工业大奖，成为首个获此殊荣的光伏企业。2019年，天合光能连续第四次获评彭博新能源财经（BNEF）“全球最具融资价值组件品牌”。天合光能注重在安全生产、环境友好、员工健康方面的投入，在全球太阳能制造商产品安全评比中，综合排名位列前三，在欧洲第三方独立评估机构EcoVadis的全球性企业社会责任（CSR）评估中连续两次荣获金奖。

全球化是天合光能的战略，天合光能早年便开始了全球化布局，积极加强全球化人才队伍建设。近年来，天合光能引进了来自30多个国家和地区的国际化高层次管理和研发人才。公司在瑞士苏黎世、美国加州圣何塞、日本东京等地设立了区域总部，并在马德里、米兰、悉尼等地设立了办事处和分公司，在泰国、越南建立生产制造基地，业务遍布全球100多个国家和地区。

2018年，天合光能率先打造能源物联网品牌，联合国内外优势企业及科研院所，成立天合能源物联网产业发展联盟、新能源物联网产业创新中心，搭建新能源物联网领域研究的开放性创新平台，与众多合作伙伴共建能源物联网生态圈，致力于成为全球智慧能源领域的引领者。

# 第 5 章　国内智慧能源产业重点项目

## 5.1　协鑫苏州工业园区多能互补供示范工程

苏州工业园区由协鑫能源科技股份有限公司（以下称协鑫能科）牵头，作为国家能源局首批多能互补示范工程（见图 5-1、图 5-2）。围绕低碳、高效、多能、智能四个方向，协鑫能科致力于将苏州工业园区作为能源转型的典范，打造“2111”多能互补和四网耦合的工程。

图 5-1　协鑫苏州工业园区多能互补供示范工程外景

所谓“2111”，是指 2 个能源中心、10 个区域能源微网系统、100 个分布式能源点以及 1000 家电动汽车企业。“多能”是指天然气分布式、光伏、风电、储能、地热、沼气等多类能源。“四网”是指电网、热网、天然气网、冷网。

协鑫能科通过多项创新，积极推动多能互补应用示范。在体制机制上，与中新公用和港华燃气等区域内的电力、蒸汽、燃气企业共同成立投资平台，实现收益共享；在技术层面，申报国家重点科技专项，研究光储一体化和燃机压缩空气储能一体化的新型技术，实现多能互补技术突破；在模式创新上，通过给用户提供分布式

图 5-2　协鑫苏州工业园区多能互补供示范工程示意图

能源、储能、需求侧和售电综合一体化服务，由能源供应商向能源服务商转型。

事实上，不管是多能互补、微联网，还是能源互联网，有其共同之处，公司在平台、模式、理念方面做了很多尝试。能源互联网模式以“源—网—售—用—云”为核心，按照区域划分为智慧城市、生态园区、绿色乡村、零碳家居 4 种业态，同时探索出 8 种能源互联网模式，包括建筑微网、公用微网、工业微网、数据微网等，且都有成功范例。

在传统的能源供应和消费中，各个能源系统分开独立，而苏州工业园区将“各自为战”的供电、供冷、供热等系统转为了“万物皆能”模式。在苏州工业园区集中用能区域，开展天然气分布式热、电、冷三联供，实现能源梯级利用，能源综合效率约达 70%。为用户提供高效智能的能源供应服务和相关增值服务，同时实施能源需求侧管理，推动能源清洁生产和就近消纳。

和普通居民区相比，工业园区能耗相对集中，用能需求旺盛，能源资源条件和用户需求不同，“因地制宜”成为多能互补的关键词。

多能互补的特点增加了能源供应的复杂性。多种能源要想达到协调有序共处，离不开云平台这个“指挥部”。在苏州工业园区，通过综合能源服务大数据云，对“源—网—荷—储”实时数据进行统一监测和管理，服务对象包括能源大数据用户、售电用户、供热用户在内的数千家用户。

如果说“四网一云”的能源体系将苏州工业园区内的能源供应变得协调有序，那么“六位一体”微能源网则是解决了能源立体互补的难题。据悉，“六位一体”微能源网将六种一次能源（即天然气、光、风、低位热能、沼气和储能）和六种二次能源（即交流电、直流电、蒸汽、冷气、热水和冷水）经过各种转换方式进行有机融合。这样一来，充分发挥了多种能源形式的优势，解决了能源储存、调峰、低位热能利用、微能源网这四大技术难题。

提升能源利用效率、降低能源使用成本一直是综合能源服务的目标。为此，苏州工业园区的多能互补示范工程采用了以网调点、以大调小、以储调光和以电调汽四种原则。“以网调点”是指优先保证多能互补单一项目的满负荷运行，减少与网络的交互能源；“以大调小”是指先让容量小的电源、热源、微网满负荷高效率满发，集中调整大的能源点出力进行调峰，使系统调整量最少；“以储调光”是指优先保证光伏的满发，在用户无法及时消纳时进行储能，提高光伏利用率，减少用户基本电费支出。“以电调汽”是指汽网和电网之间，优先保证用户的热力管网供应，由热负荷来确定多能互补发电量，不足部分再通过电网进行调峰。

技术创新也体现在用户可视化方面的不断发展。在协鑫集团苏州能源中心的未来能源馆，用户能源互补管理平台成为吸引人们目光的一景。透过平台，从厨房里的冰箱、烤箱，到客厅里的电视、空调、照明，整个房屋的能源端和设备端均集中在平台之上，账单一目了然。由于平台能显示在客厅的互动茶几上，用户坐在沙发上就可以方便地了解家庭的能源供需情况。这既是未来能源生活的场景，也是智慧能源的发展方向。而在苏州工业园区越来越成熟的多能互补实践探索，也有望走入千家万户。

## 5.2 湖南长沙黄花机场智慧能源管理项目

2018 年 11 月 15 日，湖南省机场管理集团携手新奥数能旗下智慧化数字能源平台“泛能网”，将长沙黄花机场打造成为全国首家智慧能源管理机场（见图 5－3）。

图5-3　湖南长沙黄花机场全貌

2018年底，在民航局的“四型机场”示范项目征集中，黄花机场“智慧能源管理平台建设项目”，从全国69个机场报送的70个项目中脱颖而出，荣膺首批“示范项目”，为民航全行业建设“四型机场”提供标杆式借鉴。

黄花机场智慧能源管理平台（见图5-4）结合机场远期发展规划和现实诉求，以黄花机场及周边用户为基础，通过部署智慧能源展示系统、能源服务系统与计量结算系统，构建区域互联网能源系统，实现能源数据管理智能化、能源结算智能化与数字化，实现了对机场范围内能源信息、能源设施网络、能源服务等的全流程统一管理；通过升级黄花机场多种能源设施的智能化控制系统与监控系统，实现了机场能源生产、使用、输配和储存系统的智能化、一体化管理，实现了多能源主体、多能源设施、多能源品类的需供动态匹配和调度平衡，进一步优化能源结构，降低综合能源消耗，同时有效保障用能的安全性和稳定性；通过升级黄花机场建筑内用能设备智能化管理系统，对用能设备优化控制管理，提升机场室内环境舒适度，控制建筑用能成本，提高管理效率；通过部署黄花机场主要能源生产设备碳排放管理系统，实现机场能源设备污染物与碳排放的实时监测与控制。

在为机场能源供应商“提效降本”的同时，泛能网助力提升黄花机场整体能效及能源服务水平，降低机场能源费用和运营压力，最大化实现能源管理安全、品质、高效、经济间的平衡发展，为智慧机场建设赋能。

该平台投运后，与之前相比，能效提升23.5%，运维人力成本降低15%，年能源费用降低15%。

图 5-4　湖南长沙黄花机场智慧能源管理平台概况

## 5.3　余杭园区泛能站项目

杭州余杭经济开发区是国家百强经济开发区之一。作为区域经济发展的主平台和“产业强区”战略落地的主战场，余杭开发区以能源结构调整和能源服务升级作为产业升级的重要引擎。余杭泛能站是目前浙江省供能规模最大的泛能项目，也是新奥首个以泛能模式替代大型园区燃煤热电厂煤改气的综合能源供应站，助力余杭开发区走向清洁高效的综合能源时代。图 5-5 为余杭园区泛能站项目内景，图 5-6 为泛能站共享服务平台。

该能源站采用数字化能源管理系统，助推站内设备运行实现自动化，改变常规依靠人工频繁操作来调整能源设备出力的运行方式，从而实现对设备的精准和及时管控，避免频繁起停造成的能效损耗和设备寿命折损；同时助力能源站合理配置多台锅炉的运行方式，使系统在负荷峰谷调节上更加游刃有余，最大限度提升锅炉能效，提高能源设施的利用率。

此外，能源站对控制系统升级，实现多设备统一调控，从而降低了运维人员操作强度。在提升系统控制精度的同时，为未来多个泛能站能源设施互联互通，实现远程监控、协同优化和区域内需供互动的综合能源智能调度夯实基础。

图 5-5　余杭园区泛能站项目内景

图 5-6　余杭园区泛能站共享服务平台

未来，伴随全部 14 座泛能站的相继投运，余杭泛能站将同时服务数百家区内企业。在这样的背景下，2018 年 6 月余杭泛能站前瞻部署泛能网平台，快速推进泛能站管理数字化，为将来多站协同、多能互补，为用户提供智慧的综合能源服务打下基础。

## 5.4　横琴综合智慧能源项目

横琴多联供能源站作为国内最大的区域能源项目，自 2016 年投入运行一期 3 号能源站（见图 5-7）以来，先后荣获“中国区域能源示范项目”“中国城市能源变革十大样板工程”“国家级新区清洁能源示范工程”等荣誉称号。图 5-8 所示为横琴智慧能源站综合监控平台。

图 5-7　横琴智慧能源站一期冷站项目——3 号能源站

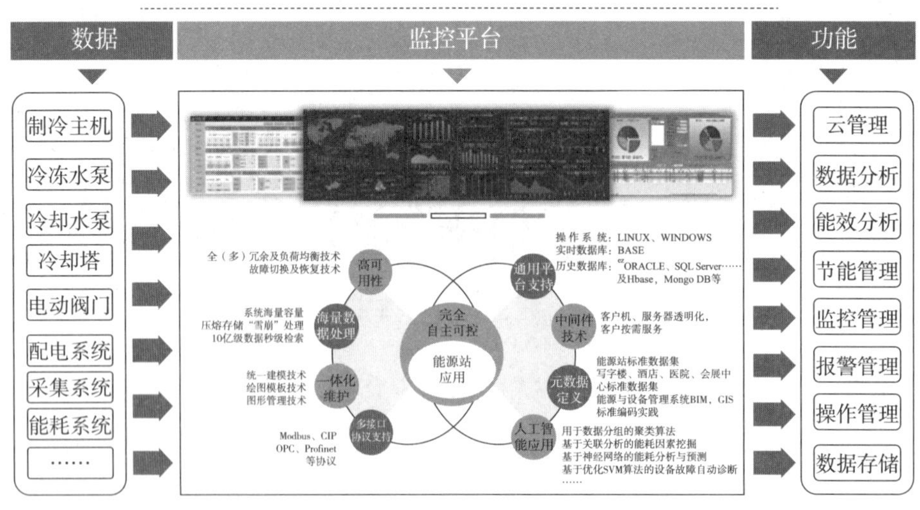


图 5-8　横琴智慧能源站综合监控平台

横琴综合智慧能源项目由珠海横琴能源发展有限公司管理运营，其为“一厂十站”模式，以1座燃气电厂、10座集中能源站为基础开展综合能源供应开发与服务，规划供冷面积约1500万平方米，实现能源梯级利用（四级），能源利用率达到75%，比单一发电高近40%。

其中，燃气电厂一期2台9F级（390MW）联合循环热电联产机组（总规划建设8台9F级燃气机组）已于2014年11月投产运行。能源站一期3号能源站已于2016年投入运行，服务面积近200万平方米。1号、5号、6号、7号、10号移动站也已陆续投入运营。

根据建设规划，一期1号能源站将于2019年11月投入运行，7、10号能源站将于2020年投入运行。二期2号、5号、6号能源站及其配套冷热水管网工程，总投资估算为17.38亿元，服务总供冷面积786.6万平方米，目前建设计划已经启动；三期4号、8号、9号能源站及其配套冷热水管网工程已完成立项工作。

横琴综合智慧能源项目以科技创新为抓手，依托大数据、云计算等高科技手段，打造基于“全局自动寻优”的智慧供能系统。该系统通过新负荷预测算法，实现自学习自修正，减少对历史数据、高性能计算平台以及数学技能的依赖；在嵌入式设备上部署实现短期预测，直接作用于系统，采用无中心系统进行分布式计算，以无中心、自组织的方式满足了对建筑中“物”的控制需求，解决传统智能化系统难以落地的问题；通过“源一网一荷一储”协调控制整体解决方案，实现供能管理系统“自识别”“自组织”“自寻优”，实现对能源站的负荷预测、能效分析及节能策略的自动控制，从而达成移峰填谷、高效节能的最佳经济运行状态。

截至2019年8月，横琴综合智慧能源项目已累计发展用户117家，签约用户44家，正式供冷用户24家，累积报装冷负荷91.44万千瓦。

## 5.5 北京燃气集团大楼三联供能源中心

北京燃气集团大楼三联供能源中心（见图5-9）是北京市首个天然气三联供示范项目，采用清洁能源天然气为集团大楼提供冷、热、电的能源供应，开创了北京市采用三联供系统供能的先河，是北京市科委宣传节能低碳的典型案例。该能源中心 2003 年建成，2004 年调试后正式投入运行，确保了建筑面积 3.28 万平方米，地上 10 层、地下 2 层的集团大楼的能源供应。

a）

b）

图 5-9　北京燃气集团大厦三联供能源中心内景

2008 年奥运会之前，大楼只有三联供一套能源供应，采用孤网运行模式。2008 年后接入市电，三联供供电在供暖制冷季与市电分单双层分别供应大楼电负荷，冷热均由三联供系统供应。在市电停电时，发电机组可作为备用电源独立向大楼供电。能源中心供电能力 1252 千瓦，供冷能力 3486 千瓦，供热能力 2676 千瓦。其中，光伏发电及风力发电总功率 47.54 千瓦，年发电量约 4.81 万千瓦时。后期将在系统中增加容量为 1000 千瓦时的储电设备，实现“三联供＋新能源＋储电”的耦合运行模式，打造“源—网—荷—储”智能供应、集成互补的典型运行案例。

三联供系统与常规“市电＋直燃机”方式相比，在目前不并网的条件下，系统节能率可以达到 15％～18％，年节约运行费用 60 万元。同时可减少 $CO_2$ 排放 30％～50％，年减排量达 1300 余吨。

如果采用并网方式，系统节能率可达 20％，年节省运营费用近 100 万元，经济环境效益更佳。

## 5.6　中国石油生产信息安全控制中心三联供项目

中国石油生产信息安全控制中心三联供项目（下称中石油创新基地数据中心三联供项目），是国家四部委（国家发展改革委、财政部、住房城乡建设部、国家能源局）共同发文的首批天然气分布式能源示范项目之一，是目前世界上最大的单体数据中心三联供项目（见图 5－10、图 5－11）。在“2014（第十届）中国分布式能源国际论坛”上，该项目荣获“2014 年度中国分布式能源优秀项目特等奖”，是落实 2011 年国家四部委《关于发展天然气分布式能源的指导意见》的典范，对加快落实《北京市 2013—2017 清洁空气行动计划》具有积极意义。中石油创新基地数据中心三联供项目由能源公司投资、建设、运营，该项目（一期）于 2013 年 4 月开始建设，同年 9 月建成投产，为中石油创新基地数据中心提供 20 年的清洁能源（水、电、冷、热）供应。

图 5-10　中石油创新基地数据中心三联供项目外景

图 5-11　中石油创新基地数据中心三联供项目监控调度平台

经过初步计算，中石油创新基地能源中心年发电量约为 10014.65 万千瓦时，每年可代替燃煤 3.49 万吨，减排 6.18 万吨 $CO_2$，0.51 万吨 $SO_2$，环境效益可观。

## 5.7 北京市城市副中心能源中心项目

位于北京市通州区的北京市城市副中心（以下称副中心）能源中心项目是国家确定的京津冀协同发展重点工程，也是2016年北京市立项的“一号工程”，其着力有序疏解北京非首都功能，深入优化调整城市布局，发挥首都对周边地区的辐射带动作用，实现优势互补，良性互动。北京市城市副中心建成后，将担负着未来北京市委市政府的行政功能。根据市委市政府相关领导的指示，其建设标准为“千年标准”。因此，其能源供应方案也需要与此相对应。其供能体系需代表目前世界上最先进的供能系统，采用最先进的供能技术，体现“节能、低碳、智慧、安全、经济”的理念。图5-12为副中心六号能源站北区保障房项目。

图5-12 北京市城市副中心六号能源站北区保障房项目

副中心能源中心项目为副中心区域内公务员周转房及其西部商业办公地块提供所需能源。项目一期供能范围包括公务员周转房区域内12个地块约56.56万平方米的冷热负荷，二期供能范围包括其西侧约6.22万平方米冷热负荷。项目以燃气冷热电三联供系统为基础，耦合了水蓄冷技术、常规电制冷技术、地源热泵技术、燃气锅炉技术，实现对副中心办公区部分的供热及供冷功能。

根据计划，该项目将于2019年供暖季正式投运。项目创建了全国首个多能源技术耦合+智慧能源管理的行政办公区，采用燃气分布式能源耦合可再生能源的供应系统，可实现固体废弃物、烟尘和$SO_2$的“零排放”，温室气体（二氧化碳）减少60%以上，氮氧化物减少95%，从而将环境污染减至较小程度，其总的能源利用率可以达到80%以上，具有节能减排的良好效益，它将对北京市乃至全国的清洁能源利用、生态文明建设等起到积极的示范作用。

## 5.8 上海浦东前滩天然气分布式能源项目

上海浦东前滩国际商务区（以下称前滩）地处上海世博园区黄浦江南延伸段，是大陆家嘴区域的一部分，占地2.83平方千米，规划建筑面积350万平方米，居住人口25万人。自2012年被正式纳入上海总体规划以来，前滩正逐步打造成为一个集总部办公、居住生活、国际教育、康养休闲为一体的“世界级中央活动区”的样板区。

上海电力股份有限公司（以下称上海电力）响应上海市2013年《政府工作报告》中提出的“完成城市最佳实践区改造项目，加快前滩地区基础设施和功能项目建设”要求，同时配合国家电力投资集团有限公司加强综合智慧能源业务开发，联合上海前滩国际商务区投资（集团）有限公司（以下称前滩投资），在前滩地区打造了一个以天然气为基础能源的冷热电联供分布式能源中心（见图5-13），项目涉及动态投资超过6.7亿元。该项目于2017年入选国家能源局55个“互联网+”智慧能源示范项目，并于2019年7月正式投产运行。

该项目以天然气冷热电联供分布式能源站为核心，包括2台单机容量为3203千瓦的燃气内燃发电机组、1台1800千瓦的国产示范验证燃气轮机、3套溴化锂吸收式制冷/热机组、21台单台容量为1135千瓦的空气源热泵机组、4台单台容量为1350冷吨的电驱离心式冷水（热泵）机组、6台单台容量为2800RT的电驱离心式冷水机组等制冷设备以及1座25000立方米的水蓄能系统。项目主要为区域内217万平方米的办公区、商业区、酒店提供采暖热源、供冷冷源、生活热水等能源。

该项目采用“以热定电，余电上网（10千伏高压并网）”的模式，夏季辅以电驱制冷机，冬季辅以热泵并配置蓄能系统平衡产销。基于全年负荷预测和运行模拟，其装机容量应确保分布式供能系统年利用时间大于2000小时。

图5－13　上海浦东前滩天然气分布式能源项目外景

该项目自调研、设计、建筑施工、设备安装、调试验收到并网运行，前后历时6年。根据设计项目可为217万平方米建筑面积提供所需能源。截至2019年6月30日，累计供冷82232吉焦，累计供热61173吉焦，累计发电量543万千瓦时，最大单日供冷量125吉焦。

按相同供能规格估算，该项目可节约终端用户空调设备、变配电设备、电力增容费等投资约3.2亿元，每年可为区域内客户增加房屋租赁收入6000万元以上，每年可为客户节约300万元运维人员费用。

经测算，与分散供电（按全国供电标准煤耗为308克标准煤每千瓦时，网损6%）、供热（按锅炉效率91.6%，网损5%）和供冷相比，项目每年可减排6053吨标准煤，减排近1.5万吨$CO_2$，节能率为35.6%，$CO_2$减排率为40.3%，相当于每年植树7975棵。

## 5.9　西藏措勤2兆瓦/5兆瓦时微电网示范项目

西藏措勤2兆瓦/5兆瓦时微电网示范项目由阳光电源股份有限公司（以下称阳光电源）于2014年建成，为生活在阿里偏远地区的措勤县百姓解决了漫长的缺电困难，实现了24小时安全用电，县城及周边村镇等4000多户均因此受益（见图5-14）。

图5-14　西藏措勤2兆瓦/5兆瓦时微电网示范项目外景

该电站作为典型的可再生能源多能互补供电系统项目，是目前西藏最先进的智能微电网，集合了水电、光伏发电、风电、柴油应急发电、电池储能等互补供电电源，在微电网领域的多能互补应用、高海拔地区应用以及虚拟同步电机技术应用等方面都具有里程碑意义，项目建成后受到多家媒体的跟踪报道。

项目分为一期、二期，总装机达2000千瓦，形成了10千伏县域电网。二期扩容项目不仅单独新建一个光伏储能系统，而且要求与一期融合后形成新的、更大的微电网，既要满足日渐增长的负荷需要，也要让新的微电网更加稳定高效。阳光电源根据实际情况，运用全球领先的储能技术，分三步实现了扩容：

第一步，运用虚拟同步发电机技术，使储能变流器在特性上等效为传统发电机，储能变流器承担建立电网电压和频率的角色，让新建的光伏发电站并入储能变流器建立的电网。

第二步，将新建二期光储微电网与一期的微电网融合成新的大微电网。此时，虚拟同步发电机技术则会发挥更大的作用，实现不同等级储能变流器并联运行及储能变流器远距离无互联线并联运行，维持新旧微电网之间长期可靠稳定运行。

第三步，为新的微电网建立一个坚强、智能的大脑——基于大数据分析，利用能量管理系统EMS对系统内新能源发电趋势以及负荷变化进行精准预测，从而实

现负荷均分，多种发电主体的经济性调度及储能系统荷电状态的优化管理。

目前，除了解决国内偏远地区微电网难题，阳光电源的基于虚拟同步发电机技术的储能逆变器与智能能量管理系统 EMS 已广泛应用于东南亚、非洲等储能市场。

## 5.10 海南永兴岛500千瓦光储柴智能微电网项目

海南永兴岛500千瓦光储柴智能微电网项目由阳光电源股份有限公司于2013年建成，属于柴油发电、光伏、储能等多种能源互补的智能微电网，是“金太阳”示范项目之一，也是海南省首个独立光储柴智能微电网项目，不仅为永兴岛电力整体发展和能源高效综合利用奠定了良好基础，而且为东南沿海海岛微电网应用的系统设计和建设提供了有力参考（见图5-15）。

图5-15 海南永兴岛500千瓦光储柴智能微电网项目

光伏和项目储能系统并入柴油机弱网运行，成功实现了整个500千瓦微网与柴油机弱网的无缝切换功能，整体切换时间不大于10毫秒，实现了清洁能源全额消纳。

通过微电网与多级可控用户负荷的智能互动技术，系统根据电力平衡情况及负荷优先级下发可控负荷切除指令，保证电网安全稳定运行及重要负荷供电，同时通过微电网优化运行及能量管理技术，在不同运行工况下，实现多种能源发电、储能及负荷的优化管理和协调运行，最大限度减少石化能源发电设备运行和污染尾气排放。

## 5.11 新疆石河子市区集中供热工程节能改造合同能源管理项目

新疆石河子市区 2018 年采暖季集中供热面积为 2545 万平方米，拥有 300 个换热站，500 套供热系统，由石河子天富南热电有限公司、天河电厂 4 台 330 兆瓦机组和 2 台 660 兆瓦机组提供城市集中供热负荷。新疆石河子市区集中供热工程节能改造合同能源管理项目归口新疆天富能源股份有限公司供热分公司管理运营（见图 5 - 16、图 5 - 17）。

图 5 - 16　新疆天富能源股份有限公司供热分公司集中供热工程项目外景

该项目结合石河子市热源与热网特点，合理进行网源匹配与水力计算，制定了环状热网下的多热源联网供热方案。在细分领域，综合采用分布式变频技术、热网均匀性调节技术、精准的负荷预测技术等，最终实现了石河子市“一城一网”的网源综合调度与控制。

图5-17 新疆天富能源股份有限公司供热分公司集中供热工程节能改造合同能源管理平台

该项目采用合同能源管理（EMC）模式，项目投资全部由同方节能公司（以下称同方节能）承担，如项目不能实现预期的节能量，节能公司将承担由此而造成的损失。该项目中，通过合同能源管理手段解决了用能单位在开展节能项目中缺少先进技术、专业人员及管理经验等问题，让用能单位以更多的精力集中于主营业务的发展。项目运营过程中，同方节能安排经验丰富的运营工程师驻场协助运营，与业主紧密沟通，共同努力，取得了较好的节能效益。

项目通过物联网云平台控制系统、EZ 热网监控平台与智慧供热平台软件等，系统给出科学的负荷预测，制定低能耗的运行方案和运行参数，指导供热企业安全、低耗、经济运行。自实施以来，项目荣获“八师石河子市科学技术进步一等奖”“新疆生产建设兵团科技进步二等奖”等。

相关数据显示，该项目 2018—2019 年采暖季累计节省供热热量 306.6 万吉焦。以项目改造前的能耗作为节能基准，节能率达 18.5%。按热源厂结算热单价每吉焦 13.27 元计算，总节能效益为 4068.9 万元。

## 5.12　上海电力大学临港新校区综合能源服务示范项目

作为全国首批、上海唯一的新能源微电网示范项目和教育部能效领跑者示范项目，上海电力大学临港新校区综合能源服务示范项目是国网节能公司（现更名为国网综合能源服务集团有限公司）携手上海电力大学实现校企共建、互利共赢的典型示范工程（见图5-18）。

图5-18　上海电力大学智慧能源系统分布式光伏+分散式分电外景一角

该项目将临港新校区打造成为国内首个绿色智慧高校示范园区，涵盖面广，模式创新，是国网节能公司在先进技术集成化、能源信息融合化、运营管理智慧化等方面的成功探索，也是具备技术前瞻性、展示性并集教学与科研功能于一体的共享平台，为高校能源管理、节能改造以及运营管理模式创新提供了一个可借鉴的新标杆，具有重要的里程碑意义。

该项目位于上海电力大学临港新校区，以智慧能源管理系统为核心，综合应用储能、多能互补等先进技术，构建了发、储、用一体化的绿色智能微电网系统，实现了清洁能源集约高效利用和“源—网—荷”协同运行。主要建设内容包括：

（1）分布式光伏系统：建设分布式光伏、分散式风电、混合式储能系统和光电互补电站。

（2）热水系统：采用“太阳能+空气源热泵”的组合形式，建设绿色低碳热水系统。

（3）智慧能源管控系统：采用一体化架构设计及标准化接口定义，实现学校对新能源发电、园区用电、园区供水等综合能源资源的动态实时监控与管理。

项目采用规划、设计、投资、建设、运营全过程的综合能源服务模式，运营期20年。为校园年提供绿色电力275万千瓦时，供应低碳热水8万吨，减排二氧化碳4500吨。

项目充分考虑了上海电力大学办学特色，将学生培养、辅助科研实验等学科建设与能源系统建设相结合，在担负校区能源供应的同时，成为师生科研实验的研究对象、先进节能技术的展示及教育平台，为学校培养产业人才提供有力支撑，为高校能源管理、节能改造及运营管理模式，提供了一个可借鉴的新标杆。

## 5.13　山东配电网节能与提高电能质量改造项目

原国网节能服务公司在山东省选取2万多个公用台区进行配电网节能与提高电能质量改造，新装无功优化及协调控制柜，减少电网电源向感性负荷提供由线路输送的无功功率，改善供电品质，提高功率因数，降低线路和变压器因输送无功功率造成的电能损耗，提高功率因数，达到节能降损的目的。项目改造前公用台区功率因数为0.5～0.9，装设无功优化及协调控制柜后，功率因数可提高至0.95及以上。

为实现配电网能源全过程透明监测与管理，实现能效的有效分析并进行有效调节，达到能效的在控、可控，在公用台区加装无功优化及协调控制柜的同时，同步建设了配电网能效管理系统（见图5－19）。智能型动态无功优化及协调控制柜应集运行状态监测、供电质量监测、供电质量智能综合治理、用电信息采集及监测、远程通信管理等功能于一体。配电网能效管理系统具体表现为：

（1）实现整个配电网能效数据的网络化、透明化：对分散台区供电状况及节能装置运行状况实现实时数据采集。

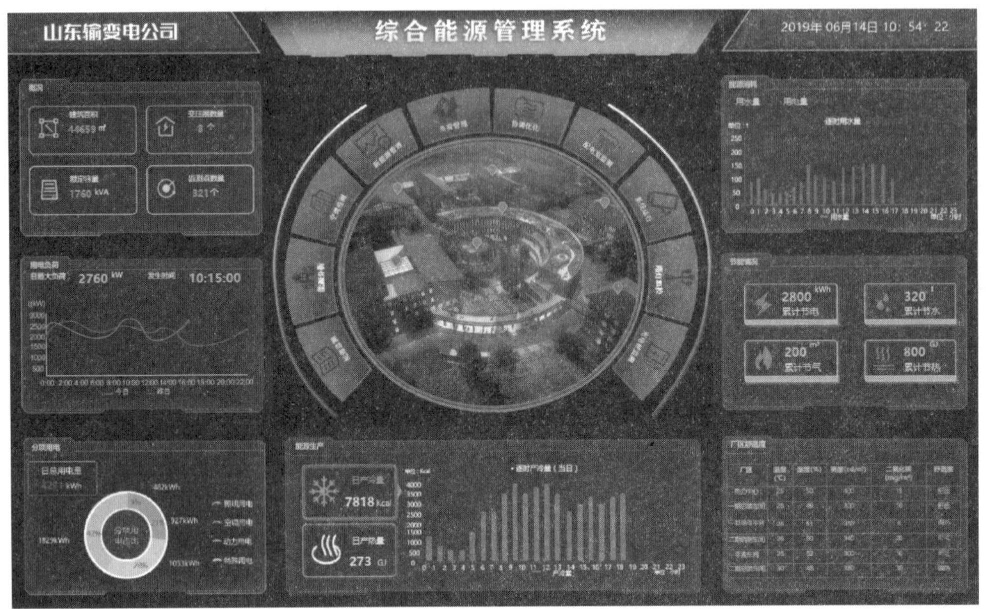


图 5 - 19　山东输变电公司综合能源管理系统平台

(2) 实现整个配电网能效调节的可视化、智能化：集中处理、计算各分散采集的能效实时数据，可视化掌控各地市供电公司、省公司范围内所有台区的供电数据以及节能装置的运行状态、节能量的实时显示，同时结合国家相关规定和公司相关规范进行智能调节。

(3) 实现电网节能评估的及时化、精细化：对任意线路、台区等设定供电数据采集的时间段及数据采集频率，实现为各节能装置投运与退出两种模式对比提供详尽的评估数据，同时为第三方认证机构对节能措施的实施效果进行评估提供基础数据支撑。

(4) 通过配电网能效管理系统，从电网能力、技术、管理三个维度全方位综合治理“三率”问题（三率，即电压合格率、线损率和供电可靠率）。电网公司主动承担社会责任，节能降耗，同时保证配电网可靠、高效、经济的运行。

(5) 通过能效管理系统的建设，为社会监督电网公司节能减排实施效果等提供基础数据和监督平台，为主动承担社会责任提供透明的监管手段。

该项目通过配电网综合节能改造项目的实施，不仅有效提升功率因数（由 0.82 提升至 0.96），降低配电网损耗，而且能够提高电压质量，改善三相不平衡。项目实施后，有效减少了配电线路和变压器的电能损耗，年节电量约 2 亿千瓦时，相当于节约标准煤近 9 万吨，取得了很好的节能效果。

# 第 6 章　全球能源互联网的发展

## 6.1　全球能源互联网与智慧能源产业的对应

2015 年 9 月 26 日，习近平主席在联合国发展峰会上倡议“探讨构建全球能源互联网，推动以清洁和绿色的方式满足全球电力需求”。2017 年 5 月 14 日，在首届“一带一路”国际合作高峰论坛上，习近平主席强调“建设全球能源互联网，实现绿色低碳发展”，为各国共建“一带一路”、推动能源转型提供了重要方案。全球能源互联网成为中国参与全球能源治理的重要理念基础。

全球能源互联网是应对全球能源挑战、加快世界能源转型，以全球视野、历史视角、前瞻思维、系统方法研究解决能源问题的系统方案。主要思路是：加快转变以化石能源为主导的高污染、高排放的能源发展方式，大力发展低碳、零碳的清洁能源，加快实施“两个替代、一个提高、一个回归”，从根本上破解能源资源和环境约束，有效应对气候变化，实现以清洁和绿色方式满足全球能源和电力需求，见图 6 - 1。

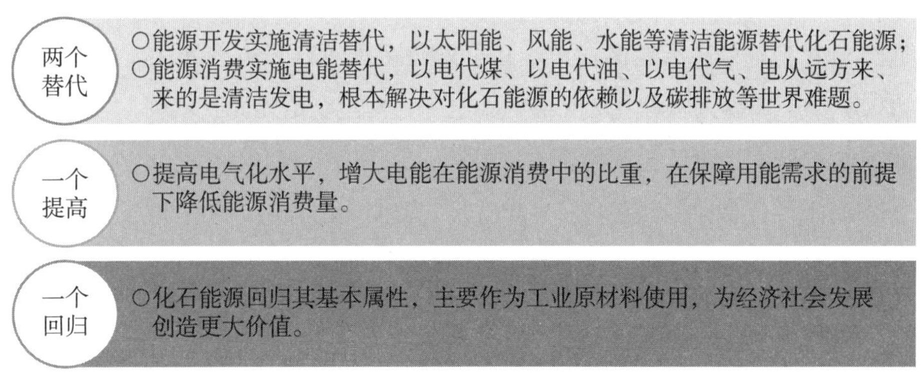


图 6 - 1　全球能源互联网的理论体系

“两个替代”，即能源开发实施清洁替代，以太阳能、水能、风能等清洁能源替代化石能源，逐步实现从化石能源为主、清洁能源为辅向清洁能源为主、化石能源为辅转变，走绿色低碳发展道路；能源消费实施电能替代，以电能替代煤炭、石油、天然气等化石能源，实现以电代煤、以电代油、以电代气、电从远方来、来的是清洁发电。

“一个提高”，即提高电气化水平，提高电能在终端能源消费中的比重，在保障用能需求的前提下降低能源强度。电能是经济、高效的二次能源，电能产生的经济价值相当于等当量煤炭的 17.3 倍、石油的 3.2 倍，电能占终端能源比重每提高 1 个百分点，能源强度下降 3.7%。

“一个回归”，即化石能源回归其基本属性，主要作为工业原材料使用，为经济社会发展创造更大价值，发挥更大作用。据统计，世界原油的 70%作为燃料使用，仅 30%用作原料，原油作为原料创造的经济价值是用作燃料时的 1.6 倍。

构建全球能源互联网是实施“两个替代、一个提高、一个回归”，实现能源转型的关键。清洁能源是未来主导能源，主要转化为电能使用。大力发展清洁能源发电，必须从就地平衡、自给自足的传统电力发展方式，向各洲各国协同发展、全球配置的电力发展方式转变，加快建设清洁主导、电为中心、互联互通、共建共享的现代能源体系，即全球能源互联网。全球清洁能源资源十分丰富，仅开发万分之五就可满足全球能源需求。但全球清洁能源分布不均衡，风能资源主要集中在北极的喀拉海、巴伦支海、白令海峡和格陵兰岛，亚洲的中国西部和中亚，欧洲的北海，非洲的东北部，北美洲中部，南美洲南部，以及澳大利亚中西部等地区；太阳能资源主要集中在亚洲的西亚、中亚和中国西部，非洲的北非和东非，北美洲西南部、南美洲中西部和澳大利亚北部等地区。这些资源富集地区大都远离用电负荷中心，需要就地转化为电能、远距离输电，在全球范围配置。风电、光伏发电具有间歇性、波动性，只有融入全球互联互通的大电网，构建全球能源互联网，才能实现清洁能源大规模开发、全球配置和高效利用。

概括起来说，全球能源互联网实质就是“智能电网＋特高压电网＋清洁能源”，智能电网是基础，特高压电网是关键，清洁能源是根本，见图 6－2。

（1）智能电网。智能电网集成了先进输电、智能控制、新能源接入、新型储能等现代智能技术，能够适应各类集中式、分布式清洁能源并网和消纳，满足各类智能用电设备接入和互动服务等需求，实现“源—网—荷—储”协同发展、多能互补和高效利用。

（2）特高压电网。特高压电网由 1000 千伏及以上交流和±800 千伏及以上直流

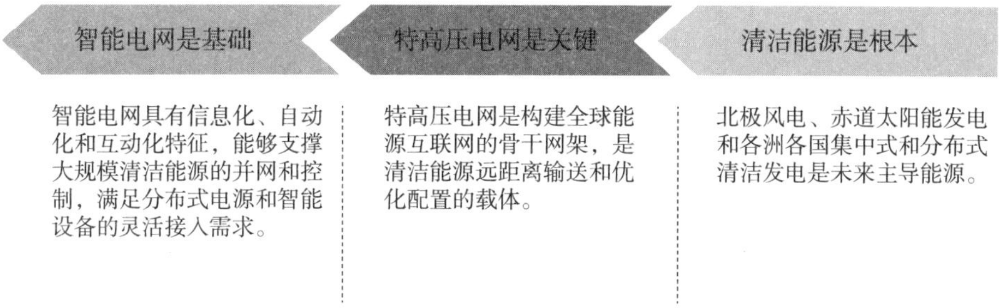

| 智能电网是基础 | 特高压电网是关键 | 清洁能源是根本 |
|---|---|---|
| 智能电网具有信息化、自动化和互动化特征，能够支撑大规模清洁能源的并网和控制，满足分布式电源和智能设备的灵活接入需求。 | 特高压电网是构建全球能源互联网的骨干网架，是清洁能源远距离输送和优化配置的载体。 | 北极风电、赤道太阳能发电和各洲各国集中式和分布式清洁发电是未来主导能源。 |

图6－2　全球能源互联网的实质

系统构成，具有输电距离远、容量大、效率高、损耗低、占地省、安全性好等显著优势，能够实现数千公里、千万千瓦级电力输送和跨国、跨洲电网互联。

（3）清洁能源。随着水能、风能、太阳能等转化技术的进步和成本快速降低，清洁能源竞争力将全面超过化石能源，加速替代化石能源，成为未来能源系统的主导能源。

对照智慧能源产业发展所具有的“电为核心与枢纽、互联互通为基本特征、提高非化石能源消费比重为目标”的三个基本属性，全球能源互联网与智慧能源产业在理念上完全吻合。在当前全球平均电气化水平仍然无法支撑全面智能化、输电网络骨干网架尚有缺项、非化石能源整体发展不均衡，以及全球电力市场呈现偶发性、点对点、交易量较小等特点的阶段中，全球能源互联网是实现智慧能源产业发展的阶段性现实方案，智慧能源产业发展是全球能源互联网实现的有效支撑和重要组成部分。

## 6.2　全球能源互联网典型发展案例

### 6.2.1　电网与通信网融合发展案例

为协同解决中国云南水电送出和缅甸、孟加拉国经济发展严重缺乏电力的问题，全球能源互联网发展合作组织于2017年策划提出了中国－缅甸－孟加拉国三国电网互联项目。在策划这个项目的过程中，对电网、通信网和交通网“三网融合”的可行性进行了同步探讨。研究认为，能量、信息、物质三要素是现代经济社会发展的重要物质基础。三要素被有意识地开发和传输以支撑人类生产生活，其传输载体和途径，形成了能源网、信息网、交通网三大网络。三大网络，即“瓦特(Watts)、比特（Bits)、米特（Meters)”，是全球最重要的三大基础设施，如同“血管系统”“神经系统”和“四肢系统”，服务于人类生活。如果三网融合发展，将构建起以电力为动力、以数据为纽带，三大网络联系日益紧密，呈现相互交叉融合的基础设施和产业发展新态势。因此，“中、缅、孟项目”在战略思路、规划路径等方面与这一地区通信基础设施互联互通布局具有很强契合度，通信企业希望参加与电网的合作，符合各利益相关方的共同利益，这是因为：

第一，孟中印缅经济走廊是“一带一路”建设的重要组成部分，推动这一地区能源、信息、交通基础设施的互联互通对我国具有重大战略意义。孟中印缅经济走廊是“一带一路”建设六大经济走廊之一，最早由李克强总理于2013年5月访印期间倡议提出，得到了相关三国的积极响应。王毅部长在对缅甸、孟加拉国两国访问中再次强调了经济走廊合作建设的倡议。孟中印缅经济走廊建设对于增强我国在南亚地区影响力、打造西南地区区位优势、促进贸易互补和产能转移都具有重要战略意义。

当前，推动我国与三国能源、信息、交通基础设施互联互通是这一经济走廊建设的战略重心。能源网重点运营由缅甸皎漂港经曼德勒到我国云南昆明的油气管道，形成我国石油、天然气的西南进口大动脉，建设中国昆明—曼德勒—吉大港（达卡）特高压输电大通道，形成我国清洁电力外送缅孟大动脉，从而实现我国与缅甸、孟加拉国等国能源互补互济；交通网重点推动泛亚铁路西线、中缅铁路以及连接孟中印缅主要城市、重要港口的公路建设，建设由中资企业承建的皎漂深水港和工业园，打通我国西南地区连接印度洋的交通大动脉；信息网重点加强中国昆明—缅甸曼德勒—孟加拉国达卡—印度加尔各答陆上通信骨干网建设，打通缅、孟两国经我国与欧洲、美国的连接，增强我国与缅甸、孟加拉国、印度的信息连通。从规划布局看，中国昆明—缅甸曼德勒—孟加拉国吉大港（达卡）是推动这一地区三大基础设施互联互通的核心战略通道，以此为突破口谋划三网融合理念下的重大基础设施项目将为我国落实和引领孟中印缅经济走廊建设发挥基础性、先导性作用。

第二，三网融合是基础设施互联互通的高级形态，为缅甸、孟加拉国的经济转型升级开辟新道路。缅甸、孟加拉国都属于不发达国家，推动本国经济从落后的农业经济向工业经济乃至信息经济的转型升级是两国政府的核心诉求。缅甸2015年

GDP 650 亿美元，人均约 1200 美元，总体处于工业化初期，产业结构中农业、低端服务业占比分别为 60%和 30%。2016 年，缅甸政府制定了“二十年规划”和十二项经济政策，核心是加快沿经济走廊的重点城市和经济特区建设，以经济增长促进政治稳定。孟加拉国 2015 年 GDP 1920 亿美元，人均约 1300 美元，总体也处于工业化初期，产业结构中农业、工业、低端服务业占比分别为 16%、30%、54%。2015 年，孟加拉国政府提出了细化的“数字孟加拉”国家战略，借鉴印度经验，发挥劳动力优势，大力发展信息通信产业，以实现 2050 年迈入中等收入国家行列的愿景。

严重滞后的现有基础设施已成为两国经济发展的根本性制约，探索基础设施普及发展的创新模式将为两国经济转型开辟可行道路。据了解，目前孟加拉国、缅甸的无电人口分别超过 33%、74%，人均装机仅为 79 瓦和 92 瓦；两国铁路里程分别为 2800 千米和 4400 千米，且由于窄轨和年久失修，火车时速不超过每小时 50 千米；两国互联网接入率极低，跨国路由仅有一条海缆经新加坡中继。立足于基础设施发展的客观规律，电网、信息网、交通网具有相互依存、相互协同的内在联系，加强统筹规划、协同建设可以发挥显著的规模效应和网络效应，创造巨大的经济效益。落后的发展中国家由于没有路径锁定效应，更适宜三网融合发展模式落地实施。从缅、孟两国实际出发，以能源网建设为先导，加快中缅孟特高压输电通道建设，并以 OPGW、ADSS 光缆等技术同步承载通信光缆资源，可率先实现电力和通信骨干网的融合发展、资源共享，带动沿线重点城市的经济和产业发展；在此基础上，以电力和信息普及为支撑，加快沿线电气化铁路和高速公路的延伸和升级，为孟中印缅经济走廊的长远发展提供系统性、全局性方案建议。

第三，中、缅、孟三网融合示范落地的现实条件初步形成，具有进一步撮合和策划的空间。中、缅、孟三国对能源、交通、信息领域的合作具有共识基础。能源网方面，中缅孟跨国输电项目已在两国电力部门初步达成共识，进入方案讨论阶段，其中中、缅油气管道已分别于 2015 年、2013 年全线贯通；信息网方面，中国电信已获得在孟、缅电信运营牌照，孟、缅两国政府正与中国电信策划中缅孟陆上通信主干网络建设，并希望中国企业参与两国数据中心等大型信息基础设施的建设；交通网方面，2011 年 5 月中、缅签署了中缅皎漂—昆明铁路建设备忘录；东盟也提出了泛亚铁路西线规划。近年来，三国政治互信增强，为开展基础设施领域合作奠定了基础。2017 年 11 月 17 日，缅甸国务资政昂山素季在会见王毅部长时再次表达了对建设中缅经济走廊的支持，希望以交通、电力为优先领域加强与中方合作。孟、缅两国的合作态势向好，2017 年 9 月两国政府还就落实全球能源互联网发展合作组织提出的中缅孟电力互联项目进行了高级别会晤。

根据实际调研，中缅孟地区适宜率先以电网与电信网融合为突破口，促进三网融合落地实施。经与中国电信国际公司的协同研究，对以中缅孟输电工程为依托的电网与电信网融合方案进行技术经济性初步调查分析，具有良好的发展前景。总的来看，打造中缅孟三网融合示范项目与我国“一带一路”建设高度契合，对于推进孟中印缅经济走廊建设、促进我国与周边国家基础设施互联互通具有先导示范作用。推动能源、信息、交通三网融合发展的重大理论创新有望为孟加拉国、缅甸等国家的经济转型提供创新思路和可行路径，在工程实践层面具有现实需求和技术经济性，可以产生显著的经济效益。

### 6.2.2 远距离输电解决大规模水电送出消纳案例

印度尼西亚正处于经济快速增长阶段，但其能源资源和负荷呈逆向分布。印度尼西亚经济发展极不均衡，全国约 70％的人口、75％的用电需求集中在只占总面积 7％的爪哇岛上。能源资源主要分布在加里曼丹、巴布亚、苏门答腊等人口稀少的岛上：煤炭和天然气资源丰富，大量出口，但 90％以上的煤炭和大部分天然气集中在苏门答腊和加里曼丹岛上；水能资源总量超过 7600 万千瓦，80％分布在加里曼丹、巴布亚和苏门答腊三岛；太阳能主要分布在苏拉威西、巴布亚岛。受海缆等输电技术的制约，印度尼西亚电网互联程度较低，电力发展长期以就地平衡为主，哪里缺电就在哪里建电厂，能源配置主要依赖输煤、输气，发展方式不可持续。印度尼西亚整体电力供应不足，人均装机、用电量分别为 0.21 千瓦、823 千瓦时，为世界平均水平的 1/4 左右。目前，仍有 4100 万无电人口，占总人口的 16％，还有大量地区仅靠柴油发电机解决供电需求。由于电力短缺、基础设施落后，印度尼西亚停电现象频繁出现。世界银行调查显示，2015 年，印度尼西亚企业因停电而遭受的经济损失占全年销售总额的 1.9％。平均发电成本、销售电价分别达每千瓦时 7.4 美分、12 美分（人民币 0.5 元、0.81 元），岛屿间最大电价差达到每千瓦时 11 美分（人民币 0.75 元）。为平抑电价，印度尼西亚政府每年投入电价补贴达 44 亿美元，不堪重负。

此外，印度尼西亚是受海平面上升威胁最大的国家之一，碳减排压力巨大。2014 年，印度尼西亚颁布《国家能源政策》，提出重点发展可再生能源，逐步取代化石能源，计划到 2025 年清洁能源消费占比达 25％以上。2016 年，印度尼西亚加

入《巴黎协定》，承诺力争在2030年前将温室气体排放量减少29%，若能得到国际援助则减排量增加至41%。解决印度尼西亚能源电力问题、推动清洁转型，根本出路是借鉴中国“西电东送”、能源大范围优化配置的成功经验，构建印度尼西亚岛际联网、推动“北电南送”，实现加里曼丹、苏门答腊岛等地的清洁能源大规模开发、跨岛屿大范围配置。

印度尼西亚加里曼丹岛水电资源丰富，全岛技术可开发水电资源总量达到4300万千瓦。但受制于当地需求，仅开发约3万千瓦。近年来，印度尼西亚政府积极推动加里曼丹水电开发，已投资建设的水电工程总装机超过1000万千瓦。消纳需求方面，根据印度尼西亚国家电力公司规划，到2026年，爪哇岛总用电量将达到3260亿千瓦时，较当前增长87%，年均增长6.5%，总装机需求超过8000万千瓦，较当前增长4500万千瓦。印度尼西亚未来十年计划在爪哇岛新建2900万千瓦发电厂，但仍有1600万千瓦缺口。为此，该岛规划建设从卡扬水电站到爪哇岛泗水（印尼第二大城市）高压直流输电项目，输电距离近1200千米。

这一项目将具有较大经济效益，比如在爪哇岛泗水的落地电价每千瓦时约5～6美分，与爪哇的平均发电成本每千瓦时7美分相比，具有较大的竞争优势和利润空间。

社会效益方面，工程每年外送水电150亿千瓦时，将有力促进当地水电开发，带动矿产资源开发、制造业、交通运输等发展，改善当地民生、提高经济发展水平，将资源优势转化为经济优势。环境效益方面，每年可替代原煤690万吨，减排二氧化碳1270万吨，氮氧化物、二氧化硫、烟尘等污染物7万吨。这一工程将以其良好的经济、社会、环境效益成为岛屿间互联和资源优化配置的典范，为岛屿国家能源电力发展与转型提供新的思路，带动更多跨海互联项目建设，推动全球能源互联网战略落地。

### 6.2.3　全球能源互联网创新区域经济发展模式案例

非洲长期面临工业发展缺电力、电力开发缺市场、项目融资缺信用的发展困局，优质的矿产资源因缺乏能源无法得到冶炼加工，只能作为初级产品出口；丰富的清洁能源因缺乏市场、技术与资金得不到有效开发，只能白白流失。这些问题相互交织、相互叠加，严重制约了非洲的可持续发展。

基于全球能源互联网的发展理念和非洲发展实际，全球能源互联网发展合作组织创新性地提出“电—矿—冶—工—贸”联动发展新模式，立足非洲清洁能源禀赋与矿产资源优势，打造集电力供应、矿产开采、冶炼加工、工业升级、贸易出口于一体的经济发展格局，充分发挥联动效益，实现“投资一开发一生产一出口一再投资”良性循环，推动资源优势向经济优势转化，根本改变能源发展方式和经济发展模式。非洲能源互联网能够将低成本的清洁电力远距离输送至用电地区，工程项目具有良好的经济性和竞争力。“电一矿一冶一工一贸”联动发展将促使发电、输电、用电三方签订长期合约，形成利益共同体，依托良好收益预期，利用市场化机制吸引企业、银团、财团、社会资本参与项目投资，有效化解政府担保压力，既能满足当前基础设施建设的资金需求，又能为后续项目带来源源不断的资金投入。

非洲能源互联网及“电一矿一冶一工一贸”联动发展，将为非洲注入内生动力，创造巨大综合效益：一是促进经济繁荣。非洲能源互联网累计总投资 3.2 万亿美元，电解铝、钢铁等矿产加工业年产值将超过 4800 亿美元，矿产制成品年出口总额将超过 1000 亿美元，创造就业岗位 1 亿个，打造非洲经济增长新动能；二是改善社会民生，实现非洲人人享有清洁、安全、廉价和高效的现代能源，消除无电人口，并使非洲人民脱贫致富，享有清洁的水和充足的食物、更可靠的社会保障、更好的医疗卫生服务、更适宜的居住条件，共享现代文明成果；三是保护生态环境，实现以清洁低碳方式满足能源电力需求，破解化石能源开发利用带来的气候变化和环境污染问题，有效保护和改善非洲生态环境，使非洲人民拥有更洁净的空气、更优美的自然环境，减缓气候变化和提高适应能力。

## 6.3 全球能源互联网的综合效益

一是促进技术进步。1000 千伏特高压交流、±800 千伏和±1100 千伏特高压直流的输电距离分别达到 1500 千米、2500 千米和 6000 千米以上，输电功率分别达到 500 万千瓦、1000 万千瓦和 1500 万千瓦，全球各大洲之间、洲内能源基地与负荷中心之间的距离都在特高压输送范围内，解决了各类能源大规模开发、远距离输送的关键难题。中国特高压的大规模建设和运营验证了特高压技术的安全性、经济性和环境友好性。

二是促进清洁能源发电技术不断进步。目前光伏电池转化效率已达到 20%以上，且每年以 1 个～1.5 个百分点的速度提高。大容量风力发电技术不断突破，8 兆

瓦风机已投入商业运行，9.5 兆瓦风机已经研制成功。风功率预测精度不断提升，清洁能源发电的可预测性和可控性不断改善。

三是促进智能电网技术广泛应用。柔性交直流输电、智能控制、信息网络、大规模储能等技术的不断突破和广泛应用，使电网更加安全、更加经济、更加灵活，能够适应风电、太阳能发电等间歇性电源和各类智能用电设备大规模接入的需要。

四是提高能源产业综合竞争力。风电、光伏发电成本过去 5 年分别下降 30%、75%，并将持续快速下降。阿联酋 2019 年投产、智利 2021 年投产的光伏项目国际中标价格已分别低至每千瓦时 2.4 美分、2.9 美分，摩洛哥 2020 年投产的陆上风电项目中标价格降至每千瓦时 3 美分。欧洲北海即将建设世界首个完全参与市场竞争、不需要任何补贴的海上风电项目。预计到 2025 年，清洁能源的竞争力将全面超过化石能源。

五是提高全球电网水平。全球能源互联网可以实现跨国跨洲电力的互补互济，将不同地区的资源差、时区差、季节差、电价差统筹起来，减少备用容量，提高全系统的经济性和运行效率。例如，中国西部、北部能源基地的电力通过特高压输送至东部和中部，落地电价比当地火电上网电价每千瓦时低 0.7～1.2 美分，开发中部非洲水电、北非太阳能发电，通过特高压汇集打捆向欧洲输电，成本每千瓦时 7～9 美分，比欧洲大陆光伏发电成本每千瓦时低 7 美分左右，具有显著的经济效益。

六是在全球凝聚共识、促进在清洁发展和应对气候变化方面的多边合作。联合国推动各国签署的《巴黎协定》，已于 2016 年 11 月 4 日正式生效。应对气候变化，推动能源转型，实现可持续发展已成为各国共识和共同行动，为构建全球能源互联网创造了良好政治环境。全球 140 多个国家出台了清洁能源发展政策，在促进低碳发展、加强电网互联、提升电气化水平等方面积极实践。欧盟有 26 个国家承诺 2020 年以后不再建设燃煤电站。英国决定到 2025 年实现“零煤电”。丹麦提出到 2050 年完全摆脱化石能源。德国计划到 2050 年清洁能源占总发电量比重达到 80%。挪威宣布 2025 年、印度宣布 2030 年、英国和法国宣布 2040 年后禁售传统燃油汽车。

（丛威、王晓飞/执笔）

# 第 7 章　国内智慧能源相关产业政策摘要

**1. 2015 年 5 月 19 日，国务院发布《中国制造 2025》（国发〔2015〕28 号）**

《中国制造 2025》是我国实施制造强国战略第一个十年的行动纲领，是未来 10 年引领我国制造强国建设的行动指南和未来 30 年实现制造强国梦想的纲领性文件。

《中国制造 2025》提出了九大战略任务和重点，包括提高国家制造业创新能力、推进信息化与工业化深度融合、强化工业基础能力、加强质量品牌建设、全面推行绿色制造、大力推动重点领域突破发展、深入推进制造业结构调整、积极发展服务型制造和生产性服务业、提高制造业国际化发展水平。

《中国制造 2025》明确，要加快推动新一代信息技术与制造技术融合发展，把智能制造作为两化深度融合的主攻方向。推进互联网和传统工业行业融合，抢抓新一轮发展制高点。

**2. 2015 年 7 月 6 日，国家发展改革委、国家能源局发布《关于促进智能电网发展的指导意见》（发改运行〔2015〕1518 号）**

《意见》认为，发展智能电网是实现我国能源生产、消费、技术和体制革命的重要手段，是发展能源互联网的重要基础。

《意见》提出，坚持统筹规划、因地制宜、先进高效、清洁环保、开放互动、服务民生等基本原则，全面提升电力系统的智能化水平，促进集中与分散的清洁能源开发消纳；与智慧城市发展相适应，构建友好开放的综合服务平台，充分发挥智能电网在现代能源体系中的关键作用。

《意见》提出十项主要任务，包括：建立健全网源协调发展和运营机制，全面提升电源侧智能化水平；增强服务和技术支撑，积极接纳新能源；加强能源互联，促进多种能源优化互补；构建安全高效的信息通信支撑平台；提高电网智能化水平，确保电网安全、可靠、经济运行；强化电力需求侧管理，引导和服务用户互动；推动多领域电能替代，有效落实节能减排；满足多元化民生用电，支撑新型城镇化建设；加快关键技术装备研发应用，促进上下游产业健康发展；完善标准体系，加快智能电网标准国际化。

目标是到 2020 年，初步建成安全可靠、开放兼容、双向互动、高效经济、清

洁环保的智能电网体系，满足电源开发和用户需求，全面支撑现代能源体系建设，推动我国能源生产和消费革命；带动战略性新兴产业发展，形成有国际竞争力的智能电网装备体系。

**3. 2015年7月4日，国务院印发《关于积极推进“互联网+”行动的指导意见》(国发〔2015〕40号)**

《意见》专门就“互联网+”智慧能源提出，通过互联网促进能源系统扁平化，推进能源生产与消费模式革命，提高能源利用效率，推动节能减排。加强分布式能源网络建设，提高可再生能源占比，促进能源利用结构优化。加快发电设施、用电设施和电网智能化改造，提高电力系统的安全性、稳定性和可靠性。

《意见》部署由国家能源局、国家发展改革委、工业和信息化部等负责推进相关工作，包括：

1）推进能源生产智能化。建立能源生产运行的监测、管理和调度信息公共服务网络，加强能源产业链上下游企业的信息对接和生产消费智能化，支撑电厂和电网协调运行，促进非化石能源与化石能源协同发电。鼓励能源企业运用大数据技术对设备状态、电能负载等数据进行分析挖掘与预测，开展精准调度、故障判断和预测性维护，提高能源利用效率和安全稳定运行水平。

2）建设分布式能源网络。建设以太阳能、风能等可再生能源为主体的多能源协调互补的能源互联网。突破分布式发电、储能、智能微网、主动配电网等关键技术，构建智能化电力运行监测、管理技术平台，使电力设备和用电终端基于互联网进行双向通信和智能调控，实现分布式电源的及时有效接入，逐步建成开放共享的能源网络。

3）探索能源消费新模式。开展绿色电力交易服务区域试点，推进以智能电网为配送平台，以电子商务为交易平台，融合储能设施、物联网、智能用电设施等硬件以及碳交易、互联网金融等衍生服务于一体的绿色能源网络发展，实现绿色电力的点到点交易及实时配送和补贴结算。进一步加强能源生产和消费协调匹配，推进电动汽车、港口岸电等电能替代技术的应用，推广电力需求侧管理，提高能源利用效率。基于分布式能源网络，发展用户端智能化用能、能源共享经济和能源自由交易，促进能源消费生态体系建设。

4）发展基于电网的通信设施和新型业务。推进电力光纤到户工程，完善能源互联网信息通信系统。统筹部署电网和通信网深度融合的网络基础设施，实现同缆传输、共建共享，避免重复建设。鼓励依托智能电网发展家庭能效管理等新型业务。

**4. 2015年7月13日，国家能源局《关于推进新能源微电网示范项目建设的指导意见》（国能新能〔2015〕265号）**

《意见》明确，新能源微电网是基于局部配电网建设的，风、光、天然气等各类分布式能源多能互补，具备较高新能源电力接入比例，可通过能量存储和优化配置实现本地能源生产与用能负荷基本平衡，可根据需要与公共电网灵活互动且相对独立运行的智慧型能源综合利用局域网。

《意见》为加快推进新能源微电网示范工程建设，探索适应新能源发展的微电网技术及运营管理体制而制定。

《意见》指出，新能源微电网是推进能源发展及经营管理方式变革的重要载体，是“互联网+”在能源领域的创新性应用，对推进节能减排和实现能源可持续发展具有重要意义。同时，新能源微电网是电网配售侧向社会主体放开的一种具体方式，符合电力体制改革的方向，可为新能源创造巨大发展空间。

《意见》提出，各方面应充分认识推进新能源微电网建设的重要意义，积极组织推进新能源微电网示范项目建设，为新能源微电网的发展创造良好环境并在积累经验基础上积极推广。

《意见》明确，新能源微电网示范项目的建设要坚持以下原则：因地制宜，创新机制；多能互补，自成一体；技术先进、经济合理；典型示范、易于推广。

《意见》鼓励在新能源微电网建设中，按照能源互联网的理念，采用先进的互联网及信息技术，实现能源生产和使用的智能化匹配及协同运行，以新业态方式参与电力市场，形成高效清洁的能源利用新载体。

**5. 2016年2月24日，国家发展改革委、国家能源局、工信部联合印发《关于推进“互联网+”智慧能源发展的指导意见》（发改能源〔2016〕392号）**

《意见》明确，“互联网+”智慧能源（以下简称能源互联网），是一种互联网与能源生产、传输、存储、消费以及能源市场深度融合的能源产业发展新形态，具有设备智能、多能协同、信息对称、供需分散、系统扁平、交易开放等主要特征。

能源互联网是推动我国能源革命的重要战略支撑，对提高可再生能源比重，促进化石能源清洁高效利用，提升能源综合效率，推动能源市场开放和产业升级，形成新的经济增长点，提升能源国际合作水平具有重要意义。

为促进能源互联网健康有序发展，《意见》提出推动建设智能化能源生产消费基础设施、加强多能协同综合能源网络建设、推动能源与信息通信基础设施深度融合、营造开放共享的能源互联网生态体系、发展储能和电动汽车应用新模式、发展智慧用能新模式、培育绿色能源灵活交易市场模式、发展能源大数据服务应用、推动能源互联网的关键技术攻关、建设国际领先的能源互联网标准体系十大重点任务。

《意见》明确，将分两个阶段推进的近中期发展目标，“先期开展试点示范，后续进行推广应用，确保取得实效”。

第一阶段，即2016—2018年，着力推进能源互联网试点示范工作：建成一批不同类型、不同规模的试点示范项目。攻克一批重大关键技术与核心装备，能源互联网技术达到国际先进水平。初步建立能源互联网市场机制和市场体系。初步建成能源互联网技术标准体系，形成一批重点技术规范和标准。催生一批能源金融、第三方综合能源服务等新兴业态。培育一批有竞争力的新兴市场主体。探索一批可持续、可推广的发展模式。积累一批重要的改革试点经验。

第二阶段，即2019—2025年，着力推进能源互联网多元化、规模化发展：初步建成能源互联网产业体系，成为经济增长重要驱动力。建成较为完善的能源互联网市场机制和市场体系。形成较为完备的技术及标准体系并推动实现国际化，引领世界能源互联网发展。形成开放共享的能源互联网生态环境，能源综合效率明显改善，可再生能源比重显著提高，化石能源清洁高效利用取得积极进展，大众参与程度大幅提升，有力支撑能源生产和消费革命。

**6. 2016年4月7日，国家发展改革委、国家能源局印发《能源技术革命创新行动计划（2016—2030年）》（发改能源〔2016〕513号），同时发布《能源技术革命重点创新行动路线图》**

《行动计划》明确了我国能源技术革命的总体目标：到2020年，能源自主创新能力大幅提升，一批关键技术取得重大突破，能源技术装备、关键部件及材料对外依存度显著降低，我国能源产业国际竞争力明显提升，能源技术创新体系初步形成。到2030年，建成与国情相适应的完善的能源技术创新体系，能源自主创新能力全面提升，能源技术水平整体达到国际先进水平，支撑我国能源产业与生态环境协调可持续发展，进入世界能源技术强国行列。

《行动计划》与路线图明确了15项重点任务的具体创新目标、行动措施以及战略方向，其中包括先进储能技术创新、能源互联网技术创新、现代电网关键技术创新、节能与能效提升技术创新等。

**7. 2016年6月12日，国家发展改革委、工信部、国家能源局印发《中国制造2025—能源装备实施方案》（发改能源〔2016〕1274号）**

《方案》提出，依托《关于积极推动“互联网+”智慧能源（能源互联网）发展的行动计划》《风电发展十三五规划》《太阳能发电发展十三五规划》和《电力十三五规划》及相关能源中长期战略规划，确定示范工程推动关键装备的试验示范。推动可再生能源发电大数据建模和分析技术研究、云计算和互联网在可再生能源发电综合监控、运维、预测及分析评估和生产管理等领域的应用。推动靠岸电源成套设备示范应用。

**8. 2016年12月29日，国家发展改革委、国家能源局印发《能源生产和消费革命战略（2016—2030）》（发改基础〔2016〕2795号）**

该文件在部署推动能源消费革命、能源供给革命、能源技术革命中均强调了智慧能源，并在部署推动“能源消费革命”时将构建用能权制度纳入其中，旨在推动用能管理科学化、自动化、精细化。文件同时将“能源互联网推广行动”纳入“实施重大战略行动，推进重点领域率先突破”十三项内容之一。

其中在“推动能源消费革命，开创节约高效新局面”方面，专门提出加速推动电气化与信息化深度融合。保障各类新型合理用电，支持新产业、新业态、新模式发展，提高新消费用电水平。通过信息化手段，全面提升终端能源消费智能化、高效化水平，发展智慧能源城市，推广智能楼宇、智能家居、智能家电，发展智能交通、智能物流。培育基于互联网的能源消费交易市场，推进用能权、碳排放权、可再生能源配额等网络化交易，发展能源分享经济。加强终端用能电气化、信息化安全运行体系建设，保障能源消费安全可靠。

在“推动能源供给革命，构建清洁低碳新体系”方面提出全面建设“互联网+”智慧能源。促进能源与现代信息技术深度融合，推动能源生产管理和营销模式变革，重塑产业链、供应链、价值链，增强发展新动力。

推进能源生产智能化。鼓励风电、太阳能发电等可再生能源的智能化生产，推动化石能源开采、加工及利用全过程的智能化改造，加快开发先进储能系统。加强电力系统的智能化建设，有效对接油气管网、热力管网和其他能源网络，促进多种类型能流网络互联互通和多种能源形态协同转化，建设“源—网—荷—储”协调发

展、集成互补的能源互联网。

建设分布式能源网络。鼓励分布式可再生能源与天然气协同发展，建设基于用户侧的分布式储能设备，依托新能源、储能、柔性网络和微网等技术，实现分布式能源的高效、灵活接入以及生产、消费一体化，依托能源市场交易体系建设，逐步实现能源网络的开放共享。

发展基于能源互联网的新业态。推动多种能源的智能定制，合理引导电力需求，鼓励用户参与调峰，培育智慧用能新模式。依托电子商务交易平台，实现能源自由交易和灵活补贴结算，推进虚拟能源货币等新型商业模式。构建基于大数据、云计算、物联网等技术的能源监测、管理、调度信息平台、服务体系和产业体系。打造能源企业“大众创业、万众创新”平台，全面推进能源领域众创众包众扶众筹。

在“推动能源技术革命，抢占科技发展制高点”方面也特别强调，大力发展智慧能源技术。推动互联网与分布式能源技术、先进电网技术、储能技术深度融合。

**9. 2016年7月4日，国家发展改革委、国家能源局印发《推动多能互补集成优化示范工程建设的实施意见》（发改能源〔2016〕1430号）**

《意见》认为，建设多能互补集成优化示范工程是构建“互联网+”智慧能源系统的重要任务之一，有利于提高能源供需协调能力，推动能源清洁生产和就近消纳，减少弃风、弃光、弃水限电，促进可再生能源消纳，是提高能源系统综合效率的重要抓手，对于建设清洁低碳、安全高效现代能源体系具有重要的现实意义和深远的战略意义。

《意见》部署了终端一体化集成供能系统、风光水火储多能互补系统两大主要任务，秉承“统筹优化，提高效率”“机制创新，科技支撑”“试点先行，逐步推广”的建设原则及方式。

目的就是要在2016年，在已有相关项目基础上，推动项目升级改造和系统整合，启动第一批示范工程建设。“十三五”期间，建成国家级终端一体化集成供能示范工程20项以上，国家级风光水火储多能互补示范工程3项以上。到2020年，各省（区、市）新建产业园区采用终端一体化集成供能系统的比例达到50%左右，既有产业园区实施能源综合梯级利用改造的比例达到30%左右。国家级风光水火储多能互补示范工程弃风率控制在5%以内，弃光率控制在3%以内。

**10. 2016年7月26日，国家能源局印发《关于组织实施“互联网+”智慧能源（能源互联网）示范项目的通知》（国能科技〔2016〕200号）**

《通知》为国家能源局在系统内部印发。通知鼓励利用互联网手段，在大型建筑、园区、岛屿、城镇等不同规模范围内，特别是新建区和用能扩容区，开展能源互联网技术就用、商业模式和政策创新试点。

《通知》指出，试点内容包括且不局限于以下方面：多能协同能源网络的优化建设与协同运营、化石能源的智能化生产与清洁化利用、化石能源的互联网化交易运营、绿色能源的多样化利用与互联网化交易、绿色货币与绿色证书等能源衍生品的交易运营管理、电动汽车与储能的互联网化运营、智慧用能及增值服务、需求侧响应及辅助服务等灵活性资源的市场化运营、基于互联网的第三方综合能源服务、能源大数据应用服务，以及其他具有经济、环境和社会价值的各类场景。鼓励利用互联网理念，积极探索能源互联网与农业、工业、交通、商业、体育、教育等不同行业融合发展的新途径。

其中，能源互联网综合试点示范包括园区能源互联网试点示范、城市能源互联网综合示范区以及跨地区多能协同；典型创新模式试点示范包括基于电动汽车的能源互联网试点示范、基于灵活性资源的能源互联网试点示范、基于智慧用能的能源互联网试点示范、基于绿色能源灵活交易的能源互联网试点示范，以及基于行业融合的能源互联网试点示范。

**11. 2017年3月17日，国家发展改革委发布《国家重点节能低碳技术推广目录》（2017年本低碳部分）（2017年第3号）**

为贯彻落实“十三五”规划纲要和《“十三五”控制温室气体排放工作方案》的有关要求，加快低碳技术的推广应用，促进我国控制温室气体行动目标的实现，国家发展改革委在2014年8月和2015年12月相继发布两批《国家重点推广的低碳技术目录》的基础上，又组织编制了《国家重点节能低碳技术推广目录》，收入了微电网储能应用技术等27项国家重点推广的低碳技术。

**12. 2017年5月5日，国家发展改革委、国家能源局下发《关于新能源微电网示范项目名单的通知》（发改能源〔2017〕870号）**

《通知》表示，按照《关于推进新能源微电网示范项目建设的指导意见》（国能新能〔2015〕265号），经组织专家对各地区报送的新能源微电网示范项目方案进行了审核，确定了一批示范项目。

《通知》指出，新能源微电网示范项目重点在于技术集成应用和运营管理模式、市场化交易机制创新。本批示范项目的主要审核条件为新能源微电网的可再生能源电力渗透率（可再生能源发电装机容量/微电网内峰值负荷）应不低于50%；清洁能源电量自给率（清洁能源发电量/园区总用电量）应不低于50%；微电网与主网单一并网点交换功率不得超过与大电网连接变电站的单台变压器容量等。

本批示范项目共28个，包括北京延庆新能源微电网等24个并网型项目和舟山摘箬山岛新能源微电网等4个独立型项目。

**13. 2017年6月28日，国家能源局《关于公布首批“互联网+”智慧能源（能源互联网）示范项目的通知》（国能发科技〔2017〕20号）**

《通知》指出，为落实《关于推进“互联网+”智慧能源发展的指导意见》（发改能源〔2016〕392号）、《国家能源局关于组织实施“互联网+”智慧能源（能源互联网）示范项目的通知》（国能科技〔2016〕200号）等有关要求，国家能源局组织开展了“互联网+”智慧能源（能源互联网）示范项目的申报和评选工作。经过专家评审、公示等工作程序，确定了首批55个示范项目。

其中城市能源互联网综合示范项目12个、园区能源互联网综合示范项目12个、其他及跨地区多能协同示范项目5个、基于电动汽车的能源互联网示范项目6个、基于灵活性资源的能源互联网示范项目2个、基于绿色能源灵活交易的能源互联网示范项目3个、基于行业融合的能源互联网示范项目4个、能源大数据与第三方服务示范项目8个、智能化能源基础设施示范项目3个。

《通知》要求项目实施单位科学编制实施方案、合理选择运作方式，严格遵循项目基本建设程序，建设内容应符合相应行业管理要求，保质保量推进示范项目建设。省级能源主管部门做好示范项目的组织协调和监督管理工作，优化和简化项目核准程序，提供一站式服务，及时跟踪项目进展情况，协助解决项目实施中的问题，确保示范项目建设进度和质量；组织有关分布式能源、电网、气网、热力管网企业做好示范项目配套工程建设规划，适时开展配套工程建设。研究制定示范项目并网运行方案，实现“公平、开放、无歧视”接入，实施公平调度。积极协调示范项目与农业、工业、交通、市政、商业、体育、教育等不同行业的交叉融合问题；将示范项目同步纳入电力、油气等专项改革试点工作中，优先执行国家有关能源灵活价格政策、激励政策和改革措施。示范项目优先使用国家能源规划所确定的各省（区、市）火电装机容量、可再生能源配额、碳交易配额、可再生能源补贴等指标额度。

**14. 2017年7月17日，国家发展改革委、国家能源局印发《推进并网型微电网建设试行办法》（发改能源〔2017〕1339号）**

《办法》指出，制定《推进并网型微电网建设试行办法》的目的是为推进能源供给侧结构性改革，促进并规范微电网健康发展，引导分布式电源和可再生能源的就地消纳，建立多元融合、供需互动、高效配置的能源生产与消费模式，推动清洁低碳、安全高效的现代能源体系建设。

《办法》明确了微电网的定义、特征，对微电网的规划建设、并网管理、运行维护、市场交易、监督管理提出了要求，还明确了支持政策。

《办法》明确，微电网是指由分布式电源、用电负荷、配电设施、监控和保护装置等组成的小型发配用电系统。微电网分为并网型和独立型，可实现自我控制和自治管理。并网型微电网通常与外部电网联网运行，且具备并离网切换与独立运行能力。微电网须具备微型、清洁、自治、友好四个基本特征。应适应新能源、分布式电源和电动汽车等快速发展，满足多元化接入与个性化需求。源－网－荷一体化运营，具有统一的运营主体。运营主体应满足国家节能减排和环保要求，符合产业政策要求，取得相关业务资质。

**15. 2017年9月22日，国家发展改革委、财政部、科技部、工信部、国家能源局联合印发《关于促进储能技术与产业发展的指导意见》（发改能源〔2017〕1701号）**

《意见》指出，储能是智能电网、可再生能源高占比能源系统、“互联网＋”智慧能源的重要组成部分和关键支撑技术。储能能够为电网运行提供调峰、调频、备用、黑启动、需求响应支撑等多种服务，是提升传统电力系统灵活性、经济性和安全性的重要手段；储能能够显著提高风、光等可再生能源的消纳水平，支撑分布式电力及微网，是推动主体能源由化石能源向可再生能源更替的关键技术；储能能够促进能源生产消费开放共享和灵活交易、实现多能协同，是构建能源互联网，推动电力体制改革和促进能源新业态发展的核心基础。

近年来，我国储能呈现多元发展的良好态势，储能技术总体上已经初步具备了产业化的基础。加快储能技术与产业发展，对于构建“清洁低碳、安全高效”的现代能源产业体系，推进我国能源行业供给侧改革、推动能源生产和利用方式变革具有重要战略意义，同时还将带动从材料制备到系统集成全产业链发展，成为提升产业发展水平、推动经济社会发展的新动能。

《通知》明确了促进储能技术与产业发展的四项基本原则：政府引导、企业参与；创新引领、示范先行；市场主导、改革助推；统筹规划、协调发展。明确了发展目标："十三五"期间实现储能由研发示范向商业化初期过渡，"十四五"期间实现商业化初期向规模化发展转变。提出了五项重点任务：推进储能技术装备研发示范、推进储能提升可再生能源利用水平应用示范、推进储能提升电力系统灵活性稳定性应用示范、推进储能提升用能智能化水平应用示范和推进储能多元化应用支撑能源互联网应用示范。

**16. 2017年10月31日，国家发展改革委、国家能源局印发《关于开展分布式发电市场化交易试点的通知》（发改能源〔2017〕1901号）**

《通知》指出，分布式发电就近利用清洁能源资源，能源生产和消费就近完成，具有能源利用率高、污染排放低等优点，代表了能源发展的新方向和新形态。

目前，分布式发电已取得较大进展，但仍受到市场化程度低、公共服务滞后、管理体系不健全等因素的制约。

为加快推进分布式能源发展，遵循《关于进一步深化电力体制改革的若干意见》（中发〔2015〕9号）和电力体制改革配套文件，决定组织分布式发电市场化交易试点。《通知》明确了分布式发电交易的项目规模、市场交易模式、交易组织、"过网费"标准以及相关的支持政策，还对试点的组织工作作出了安排。

根据《通知》精神，参与分布式发电市场化交易的项目应满足以下要求：接网电压等级在35千伏及以下的项目，单体容量不超过20兆瓦（有自身电力消费的，扣除当年用电最大负荷后不超过20兆瓦）；单体项目容量超过20兆瓦但不高于50兆瓦，接网电压等级不超过110千伏且在该电压等级范围内就近消纳。分布式发电市场化交易的机制是：分布式发电项目单位（含个人）与配电网内就近电力用户进行电力交易；电网企业承担分布式发电的电力输送并配合有关电力交易机构组织分布式发电市场化交易，按政府核定的标准收取"过网费"。

**17. 2017年12月28日，国家发展改革委、国家能源局《关于开展分布式发电市场化交易试点的补充通知》（发改办能源〔2017〕2150号）**

《通知》是在国家发展改革委、国家能源局《关于开展分布式发电市场化交易试点的通知》（发改能源〔2017〕1901号）基础上，为进一步明确分布式发电市场化交易试点方案编制的有关事项，对试点组织方式及分工、试点方案内容要求、试点方案报送等做出的补充。

《通知》主要明确了试点组织方式及分工、试点方案内容要求（包括基础条件、项目规模、接网及消纳条件、试点项目、交易规则、交易平台），以及试点方案报送要求。

**18. 2018年4月11日，工信部、住建部、交通部、农业农村部、国家能源局、国务院扶贫办印发《智能光伏产业发展行动计划（2018—2020年）》（工信部联电子〔2018〕68号）**

《行动计划》指出，光伏产业是基于半导体技术和新能源需求而兴起的朝阳产业，是未来全球先进产业竞争的制高点。

《行动计划》要求，要加快提升光伏产业智能制造水平，推动互联网、大数据、人工智能等与光伏产业深度融合，鼓励特色行业智能光伏应用，促进我国光伏产业迈向全球价值链中高端。

目标是到2020年，智能光伏工厂建设成效显著，行业自动化、信息化、智能化取得明显进展；智能制造技术与装备实现突破，支撑光伏智能制造的软件和装备等竞争力显著提升；智能光伏产品供应能力增强并形成品牌效应，“走出去”步伐加快；智能光伏系统建设与运维水平提升并在多领域大规模应用，形成一批具有竞争力的解决方案供应商；智能光伏产业发展环境不断优化，人才队伍基本建立，标准体系、检测认证平台等不断完善。

《行动计划》提出了五个方面的重大措施：一是加快产业技术创新，提升智能制造水平。推动光伏基础材料生产智能升级，加快先进太阳能电池及部件智能制造，提高光伏产品全周期信息化管理水平；二是推动两化深度融合，发展智能光伏集成运维，提升智能光伏终端产品供给能力，推动光伏系统智能集成和运维；三是促进特色行业应用示范，积极推动绿色发展。开展智能光伏工业园区、智能光伏建筑及城镇、智能光伏交通、智能光伏农业、智能光伏电站、智能光伏扶贫应用示范；四是完善技术标准体系，加快公共服务平台建设，建立健全智能光伏技术标准体系，加快建设智能光伏公共服务平台；五是加强综合政策保障，统筹推动产业健康发展。加强组织协调和政策协同，推动智能光伏试点应用，加大多元化资金投入，促进光伏市场规范有序发展。

**19. 2018年10月30日，国家发展改革委、国家能源局关于印发《清洁能源消纳行动计划（2018—2020年）》的通知（发改能源规〔2018〕1575号）**

《行动计划》指出，清洁能源是能源转型发展的重要力量，积极消纳清洁能源

是贯彻能源生产和消费革命战略，建设清洁低碳、安全高效的现代能源体系的有力抓手，也是加快生态文明建设，实现美丽中国的关键环节。

近年来，我国清洁能源产业不断发展壮大，产业规模和技术装备水平连续跃上新台阶，为缓解能源资源约束和生态环境压力做出突出贡献。但同时，清洁能源发展不平衡不充分的矛盾也日益凸显，特别是清洁能源消纳问题突出，已严重制约电力行业健康可持续发展。

《行动计划》提出，2018年，清洁能源消纳取得显著成效。到2020年，基本解决清洁能源消纳问题。确保全国平均风电利用率达到国际先进水平（力争达到95%左右），弃风率控制在合理水平（力争控制在5%左右）；光伏发电利用率高于95%，弃光率低于5%。全国水能利用率95%以上。全国核电实现安全保障性消纳。

《行动计划》提出了七个方面的措施：一是优化电源布局，合理控制电源开发节奏。科学调整清洁能源发展规划，有序安排清洁能源投产进度，积极促进煤电有序清洁发展。二是加快电力市场化改革，发挥市场调节功能。完善电力中长期交易机制，扩大清洁能源跨省区市场交易，统筹推进电力现货市场建设，全面推进辅助服务补偿（市场）机制建设。三是加强宏观政策引导，形成有利于清洁能源消纳的体制机制。研究实施可再生能源电力配额制度，完善非水可再生能源电价政策，落实清洁能源优先发电制度，启动可再生能源法修订工作。四是深挖电源侧调峰潜力，全面提升电力系统调节能力。实施火电灵活性改造，核定火电最小技术出力率和最小开机方式，通过市场和行政手段引导燃煤自备电厂调峰消纳清洁能源，提升可再生能源功率预测水平。五是完善电网基础设施，充分发挥电网资源配置平台作用。提升电网汇集和外送清洁能源能力，提高存量跨省区输电通道可再生能源输送比例，实施城乡配电网建设和智能化升级，研究探索多种能源联合调度，加强电力系统运行安全管理与风险管控。六是促进源网荷储互动，积极推进电力消费方式变革。推行优先利用清洁能源的绿色消费模式，推动可再生能源就近高效利用，优化储能技术发展方式，推进北方地区冬季清洁取暖，推动电力需求侧响应规模化发展。七是落实责任主体，提高消纳考核及监管水平。强化清洁能源消纳目标考核，建立清洁能源消纳信息公开和报送机制，加强清洁能源消纳监管督查。

**20. 2019年4月4日，国家发展改革委办公厅、市场监管总局办公厅印发《关于加快推进重点用能单位能耗在线监测系统建设的通知》(发改办环资〔2019〕424号)**

《通知》要求落实目标责任，建设重点用能单位能耗在线监测系统，是党中央、国务院加快推进生态文明建设部署的一项重要任务，各地区要坚决贯彻落实党中央、国务院有关决策部署，进一步提高认识，高度重视相关工作，按照国家发改委等部门印发的《重点用能单位能耗在线监测系统推广建设工作方案》《重点用能单位节能管理办法》要求，结合机构改革情况，进一步明确牵头部门和建设单位。各地区要加强组织领导，逐级分解任务，将目标责任落实到人，加大工作力度，加强部门间沟通协调，建立健全工作机制，调动相关单位工作积极性，加快推进系统建设，确保到“十三五”末将本地区重点用能单位能源消耗数据接入重点用能单位能耗在线监测系统。

《通知》要求加快推进系统建设，各地区要按照2020年底前接入本地区重点用能单位能耗监测数据的目标倒排工作计划。要结合重点用能单位“百千万”行动，明确纳入能耗在线监测范围的重点用能单位名单，制定重点用能单位接入端系统建设工作计划，大力推进接入端系统建设。确保2020年底前，完成本地区全部重点用能单位的接入端系统建设，并实现数据每日上传。计划建设省级平台的地区，要明确建设进度安排，加快推进平台建设工作，健全系统和数据运维保障机制，并将省级平台建设计划报国家发改委和市场监管总局；2019年底前无法完成省级平台建设或暂不建设省级平台的地区，应按照本地区工作计划要求组织重点用能单位能耗在线监测系统建设，并将监测数据分批次接入国家平台。

**21. 2019年1月21日，工业和信息化部、国家机关事务管理局、国家能源局发布《关于加强绿色数据中心建设的指导意见》(工信部联节〔2019〕24号)**

《意见》指出，加快绿色数据中心建设旨在建立健全绿色数据中心标准评价体系和能源资源监管体系，打造一批绿色数据中心先进典型，形成一批具有创新性的绿色技术产品、解决方案，培育一批专业第三方绿色服务机构。

根据《意见》，到2022年，数据中心平均能耗基本达到国际先进水平，新建大型、超大型数据中心的电能使用效率值达到1.4以下，高能耗老旧设备基本淘汰，水资源利用效率和清洁能源应用比例大幅提升，废旧电器电子产品得到有效回收利用。同时有序推动数据中心开展节能与绿色化改造工程，力争通过改造使既有大型、超大型数据中心电能使用效率值不高于1.8。

**22. 2019年2月14日，国家发展改革委会同有关部门发布《绿色产业指导目录（2019年版）》**

《目录》将智慧能源相关的能量系统优化、能源系统高效运行、基础设施绿色升级以及项目运营管理纳入。

其中“能源系统优化”包括按照能源梯级利用、系统优化原则，通过能量系统优化设计与控制、工艺流程优化、系统技术集成应用等措施对工业窑炉实施节能改造，对能量系统的能源流、物质流、信息流实施协同优化等。

“能源系统高效运行”包括多能互补工程建设和运营、高效储能设施建设和运营、智能电网建设和运营、分布式能源工程建设和运营等。

“基础设施绿色升级”包括智能交通体系建设和运营、城镇集中供热系统清洁化建设运营和改造、城镇电力设施智能化建设运营和改造、城镇一体化集成供能设施建设和运营、能源管理体系建设。

“项目运营管理”包括能源管理体系建设、合同能源管理服务、用能权交易服务、可再生能源绿证交易服务、电力需求侧管理服务等。

**23. 2019年6月25日，国家发展改革委办公厅、科技部办公、工业和信息化部办公厅、能源局综合司印发《贯彻落实〈关于促进储能技术与产业发展的指导意见〉2019—2020年行动计划》的通知（发改办能源〔2019〕725号）**

《行动计划》部署了加强先进储能技术研发和智能制造升级、完善落实促进储能技术与产业发展的政策、推进抽水蓄能发展、推进储能项目示范和应用、推进新能源汽车动力电池储能化应用、加快推进储能标准化六方面，共计十六项工作。

其中包括加强先进储能技术研发、加大储能项目研发实验验证力度、提升储能安全保障能力建设、规范电网侧储能发展、组织首批储能示范项目、积极推动储能国家电力示范项目建设、推进储能与分布式发电与集中式新能源发电联合应用、开展储能保障电力系统安全示范工程建设、开展充电设施与电网互动研究、完善储能标准体系建设等。

**24. 2019年10月30日，国家发展改革委修订发布《产业结构调整指导目录（2019年本）》**

《指导目录》自2020年1月1日起施行。根据《指导目录》，大中型水力发电及抽水蓄能电站，分布式供电及并网（含微电网）技术推广应用，大容量电能储存技术开发与应用，电动汽车充电设施，分布式能源，智慧能源系统，氢能、风电与光伏发电互补系统技术开发与应用，传统能源与新能源发电互补技术开发及应用等入选鼓励类项目。

**25. 2019年11月19日，工业和信息化部办公厅印发《“5G+工业互联网”512工程推进方案》**

《推进方案》提出，要通过提升“5G+工业互联网”网络关键技术产业能力、提升“5G+工业互联网”创新应用能力、提升“5G+工业互联网”资源供给能力，并加强宣传引导和经验推广，到2022年，突破一批面向工业互联网特定需求的5G关键技术。“5G+工业互联网”的产业支撑能力显著提升，打造5个产业公共服务平台，构建创新载体和公共服务能力，加快垂直领域“5G+工业互联网”的先导应用，内网建设改造覆盖10个重点行业；打造一批“5G+工业互联网”内网建设改造标杆、样板工程，形成至少20个大典型工业应用场景；培育形成5G与工业互联网融合叠加、互促共进、倍增发展的创新态势，促进制造业数字化、网络化、智能化升级，推动经济高质量发展。

# 附录1　2018年国内智慧能源产业大事记

1月，中国电信、国家电网和华为联合发布《5G网络切片使能智能电网》产业报告。该报告是运营商与垂直行业在5G应用领域实质性合作的标志性成果。标志着运营商与电力行业在5G领域的合作进入新的阶段。

2月5日，国内最大的无烟煤生产企业——阳煤集团与京东达成战略合作，双方致力于共同搭建全国煤炭行业首例“慧采平台”。

2月下旬，国内分布式光伏领跑者晶科电力宣布，由该公司投资建造的济青高铁“高铁＋光伏”开发项目已全面进入实施阶段，预计2018年6月30日前可正式并网发电。同时，该项目也是国内首个探索性、创新性“高铁＋光伏”开发项目，并有望成为国内“高铁＋光伏”融合发展模式的样板工程。

3月上旬，海南省政府印发《海南省“十三五”控制温室气体排放工作方案》，提出全面建设“互联网＋”智慧能源，在海口、三亚、琼海等城市新建住宅区试点建设智能微网，提高新能源就地消化能力，打造清洁能源示范省，建立绿色能源岛。

3月12日，河北省涞水县南郭下村的分布式光伏扶贫电站，正式实现了5G通信链路的全面打通，该电站发电量、功率、转化率等信息成功以100G每秒的速度远程传输到国家电网分布式光伏云网主站，这意味着5G技术在光伏云网首次成功试运行。

4月11日，六部委联合印发《智能光伏产业发展行动计划（2018—2020年）》，明确提出到2020年无论工厂建设、制造技术与装备，还是光伏产品和运维，其智能化水平都要实现大步提升。

4月24日，国网上海市电力公司与中国移动通信集团上海有限公司签署泛在电力物联网5G创新应用战略合作框架协议，共同揭牌成立电力行业首个泛在电力物联网5G通信技术应用实验室。

4月24日、25日，国家电网、南方电网分别与中国铁塔公司签署战略合作协议，开启“共享铁塔”的全新合作模式。根据协议，两大电网公司输电铁塔将向中国铁塔公司开放，实现资源共享，同时将在通信业务服务、智能电网建设等方面开

展更广泛的合作，这标志着我国电力、通信两大行业间资源共享取得突破性进展。此前，南方电网公司所属云南电网公司与中国铁塔股份有限公司云南省分公司签订《共享铁塔合作协议》，在全国率先推广“共享铁塔”。

4月25日，国家发改委、国家能源局联合印发《关于规范开展第三批增量配电业务改革试点的通知》，新增97个增量配电业务改革试点。

5月，国网江苏综合能源服务公司、许继集团、山东电工三方联合，计划在镇江东部地区建设大规模电网侧储能项目和用户侧储能项目。其中，电网侧储能项目，包括8个储能电站项目，基本采用磷酸铁锂电池技术，规模共计101兆瓦时/202兆瓦时；用户侧储能项目，从当前已公布的项目看，基本以南都电源的铅炭电池项目为主，合计容量超过500兆瓦时。

5月27日，我国首个远海岛屿智能微电网在海南三沙永兴岛建成。永兴岛智能微电网由柴油发电、光伏、储能等多种能源互补，可以实现光伏等清洁能源100%的优先利用，未来还可以实现波浪能、可移动电源等多种能源的灵活接入。

5月31日，国家发改委、财政部、国家能源局发布《关于2018年光伏发电有关事项的通知》，提出暂不安排2018年普通光伏电站建设规模，规范分布式光伏发展，且2018年仅安排1000万千瓦左右的分布式光伏建设规模，并进一步降低光伏发电的补贴强度。至此，中国光伏迎来了告别野蛮生长时代的拐点。

6月21日，北京通州区政府与城市电力控股集团就通州区首个能源互联网基础设施项目完成签约。该项目将系统打造城市级能源互联网基础设施网络，总投资额为80亿元，是北京城市副中心核心商务区首批示范项目。

6月24日，国家能源局首批集成优化示范项目之一——黄河水电100万千瓦水光风多能互补集成优化示范工程成功并网，同期建设的实证基地储能项目也顺利并网发电。

6月下旬，江苏省发改委印发《关于促进分布式能源微电网发展的指导意见》，旨在加快可再生能源和分布式能源融合发展，建立多能互补、供需互动、高效配置的能源生产与消费模式，率先构建清洁低碳、安全高效的现代能源体系。提出，到2020年，建成分布式能源微电网示范项目20个左右，实现新增分布式能源装机40万千瓦左右。

7月10日，在中阿合作论坛第八届部长级会议上正式签署的《中国和阿拉伯国家合作共建“一带一路”行动宣言》，将建设全球能源互联网正式纳入中阿合作

框架。

7月18日，国内最大规模电网储能项目——江苏镇江电网储能电站工程正式并网投入运营。该储能电站总功率为10.1万千瓦，总容量20.2万千瓦时。该电站同时接入“大规模源网荷友好互动系统”，将其升级为“源—网—荷—储”系统，可更加有效保障大电网安全。

7月27日，由湖南省送变电工程有限公司负责施工的藏中联网工程500千伏沃卡变电站220千伏母线成功带电，成为藏中联网工程首个带电的变电站，标志着电力建设史上难度最大的工程将投入使用。

7月29日，海南智能电网建设新闻发布会传出消息，2019—2021年，海南省电力行业将累计投资530亿元，到2021年，基本建成安全、可靠、绿色、高效的省域智能电网，到2025年该省将全面建成智能电网综合示范省。此前在4月，海南首批5个智能电网示范项目已启动。

7月31日，协鑫智慧能源与国家电网江苏综合能源服务有限公司联手打造的首例用户侧移动锂电储能电站——扬中嫦娥五号储能站在江苏扬中并网投运。项目总容量2兆瓦时，为全球最大分布式储能项目镇江400兆瓦时储能电站群中唯一的用户侧锂电储能电站。

8月初，南方能源监管局发布《广东调频辅助服务市场交易规则（试行）》，并已开展模拟运行，允许第三方辅助服务提供者与发电企业（机组）联合参与调频辅助服务市场。广东成为南网地区第一个、全国第四个开展火电＋储能调频项目的省份。

8月1日，国网浙江电力推出服务浙江高质量发展三年行动计划（2018—2020年），计划3年投入超1200亿元，在国内率先建成省级能源互联网，保障浙江电力供应。

8月3日，远景集团宣布收购日产汽车旗下动力电池业务——Automotive Energy Supply Corporation（AESC），携手日产共同推动储能产业数字化升级，致力于电动汽车同能源系统有机融合，打造可再生能源驱动的智慧能源生态系统。

8月中旬，全军首个军民融合可再生能源局域网项目在新疆某戍边高原启动实施，项目主要新建光伏、风力和储能电站，配套建设输电线路、应急柴油电站和智能微网管控系统等。建成后，该地区能源自给率将超过90%，成为国内最大的可再生能源局域网。

8月下旬，武汉东湖综合保税区建设投资有限公司与国网武汉供电公司签订《武汉东湖综合保税区能源物联合作协议》。双方将依托“泛在电力物联网”探索破解电能管理中普遍面临的“资产分界点”难题，实现智慧用电、智能节电。武汉东湖综合保税区是国内首个明确开展“智慧用电”探索的综合保税区。

8月21日，合肥市滨湖新区中海20千伏公用开闭所内安装的5G通讯设备，成功实现配网保护装置的端到端通讯互访，标志着国内首个基于5G技术的智能分布式配网保护建成试运行。

8月30日，浙江舟山供电公司与舟山市定海区人民政府、中国移动通信集团舟山分公司正式签署《5G+综合能源未来社区战略合作协议》。依托第五代通信技术（5G）及应用，舟山公司将帮助社区实现最优经济用能，共同致力于浙江全省首个“5G+综合能源未来社区”的建设。

10月16日，东北亚、东南亚能源互联网发展论坛召开，《东北亚能源互联网规划研究报告》《东南亚能源互联网规划研究报告》面向全球首发，为东北亚、东南亚地区清洁能源开发与电网互联提供了综合解决方案。

10月26日，国网厦门供电公司正式发布《厦门城市能源互联网建设白皮书》，厦门将成为全国首个全域推进城市能源互联网建设的城市。

11月8日，诺基亚正式发布由贝尔实验室制定的行业数字化时代的未来网络（Future X for industries）战略与架构。致力于将下一代通信技术引入能源通信领域，为中国的能源行业引入自动化、安全性、高效率以及远程控制能力，并借助智慧化手段，释放能源行业的生产力潜能。

11月29日，ABB推出全球首台干式无油数字化变压器——ABB Ability™ TXpert™ Dry持续推动电网数字化发展，可实现电能质量监测、变压器自查和全生命周期评估等关键功能

12月21日，充电设施互联互通倡议书发布暨雄安联行网络科技股份有限公司揭牌仪式在雄安新区举办，这意味着全国最大新能源汽车充电服务网络平台成功组建。

12月中旬，国内规模最大的结合地铁交通的分布式光伏电站——广州地铁鱼珠车辆段5兆瓦光伏项目建设完成正式并网。

# 附录2　2019年国内智慧能源产业大事记

1月30日，中国华电作为清洁能源发电企业代表出席北京2022年冬奥会和冬残奥会场馆绿电供应签约仪式，与国网北京市电力公司、冀北电力公司签署购电协议，以实际行动践行“绿色办奥”理念。2019年7—12月，华电集团将为冬奥场馆及配套设施建设提供绿电2100万千瓦时，占比达到42%，成为奥运场馆绿色用能最大的供应商。

2月18日，国家电网有限公司办公厅印发《关于促进电化学储能健康有序发展的指导意见》，强调要严守储能安全红线、有序开展储能投资建设业务。11月，内部发布《关于进一步严格控制电网投资的通知》，要求不得以投资、租赁或合同能源管理等方式开展电网侧电化学储能设施建设。电网侧储能首次按下被增长“暂停键”。

2月，国家电网有限公司印发《推进综合能源服务业务发展2019—2020年行动计划》，称未来两年将坚持以电为中心、多能互济，以推进能源互联网、智慧用能为发展方向，构建开放、合作、共赢的能源服务平台。具体将朝着综合能效服务、供冷供热供电多能服务、分布式清洁能源服务和专属电动汽车服务四大领域发力。

3月15日，中国南方电网有限责任公司广东珠海“支持能源消费革命的城市—园区双级‘互联网+’智慧能源示范项目”通过了国家能源局“互联网+”智慧能源项目验收专家组验收，这是国家能源局首批55个“互联网+”智慧能源示范项目中首个通过验收的项目。

3月19日，由海南省委省政府和中国南方电网有限责任公司共同组织编制的《海南智能电网2019—2021年建设方案》出台，南方电网海南电网公司在海南省提升电网供电保障和抗灾能力三年行动计划的基础上，全面开启了省域智能电网“新三年”建设。2019—2021年，海南电力行业将累计投资530亿元，到2021年基本建成安全、可靠、绿色、高效的省域智能电网，到2025年全面建成智能电网综合示范省，到2030年推动全省电力营商环境达到世界一流水平。

3月29日，《国家能源互联网发展白皮书2018》在京发布。《白皮书》从理论和政策两个纬度进行总揽梳理，聚焦能源互联网的发展历程、发展现状以及关键技术创新发展，构建了能源互联网发展指标体系，是推动我国能源互联网事业进一步发展的一座里程碑。

5月21日，国家发展改革委印发《关于完善风电上网电价政策的通知》，将陆上风电和海上风电标杆上网电价改为指导价，新核准的集中式陆上风电和海上风电项目上网电价全部通过竞争方式确定，不得高于项目所在资源区指导价。

5月30日，国家能源局发布《2019年光伏发电项目建设工作方案》，要求发挥市场在资源配置中的决定性作用，除光伏扶贫、户用光伏外，其余需要国家补贴的光伏发电项目原则上均须采取招标等竞争性配置方式。

5月，中国华电集团有限公司发布国内同类型企业首个综合能源服务类行动计划——《中国华电集团有限公司综合能源服务业务行动计划》，这标志着华电集团迈出打造“清洁友好、多能联供、智慧高效”综合能源服务业务的实质性步伐。

5月，海南省宣布，2019—2021年，全省电力行业将累计投资530亿元用于省域智能电网建设。此举意味着海南将全方位推动能源转型，力争实现能源绿色发展。

5月30日，国家能源局发布《2019年风电项目建设工作方案》，鼓励支持在同等条件下优先建设平价上网风电项目，突出推进平价上网和加大竞争力度配置的政策导向。

6月，中国城镇供热协会发布《2019中国供热蓝皮书——城镇智慧供热》，这是我国供热行业第一部以蓝皮书形式出版的作品，也是首部以“智慧供热”命名并进行系统讲述的书籍。其全面总结了我国城镇智慧供热的发展现状，从规划设计，到建设运维的全过程都有清晰的阐述。除理论与技术外，还有13个优质工程案例供行业参考借鉴。

7月，“新能源资产上链发行清结算平台——新能链”正式完成首笔交易，山东省潍坊市6.1MW工商业分布式光伏电站成为首批上链电站资产。这标志着我国光伏电站资产交易从“传统模式”到“价值互联网模式”的升级，是光伏资产流通的一大变革。

8月19日，全国首个综合能源服务在线平台——“江苏能源云网平台”正式上线。

8月29日，浙江嘉兴城市能源互联网综合试点示范项目通过浙江省能源局验收。这标志着全国首个城市级能源互联网示范项目在浙江建成。

9月25日，被誉为“新世界七大奇迹”之首的北京大兴国际机场正式投运。这是国内首个节能建筑3A级项目，具有重要的标杆意义。

10月14日，国家电网有限公司发布《泛在电力物联网白皮书2019》，提出进一步系统推进泛在电力物联网建设。这标志着我国对电力系统的建设将从基础网络的搭建和完善，逐步迈向智能化的生态圈建设。

10月17日，国家电网有限公司跨省采购7000万千瓦时青海的光伏扶贫电力，全部用于北京地区充电桩充电。这意味着，从即时起到2019年年底，北京所有电动汽车都将100%使用西北“绿电”。这是我国电动汽车首次大规模使用全“绿电”。

10月22日，由国家电网有限公司国网青岛供电公司（简称青岛电网）、中国电信集团有限公司和华为技术有限公司联手打造的全国最大规模国家级5G电力实验网，在青岛奥帆中心和青岛国网调度中心大楼等地建设落成。从此，5G在电网领域的创新应用迈上了一个新台阶。

12月初，位于河北自由贸易试验区正定片区的河北省首个多功能智慧能源综合体——朱河城市多功能智慧能源综合体正式投运。这是河北省首个集变电站、充电站、数据中心站为一站，集能源流、业务流、数据流为一体的城市能源综合体，将为河北自贸试验区正定片区提供智慧能源服务。

12月5日，国网上海市电力公司组织开展迎峰度冬需求响应暨虚拟电厂运营项目试点工作。虚拟电厂致力于将碎片化的负荷重组，打造出全新电力负荷调度模式，根据大电网运行需求和自身情况主动调节，实现“需求弹性，供需协同”，让客户甚至社会整体的能源利用效率达到最优化，为电网安全运行和清洁能源消纳提供更好保障。

12月9日，江苏省发布《江苏省分布式发电市场化交易规则（试行）》，作为首个隔墙售电省级文件，被业内认为“隔墙售电”迎来“破局”。

12月11日，国网冀北电力有限公司建设的泛在电力物联网虚拟电厂示范工程投运启动。该示范工程实现了秒级感传算用，具备了亿级用户能力，打造了多级共享生态。

12月17日，国网湖南检修公司成功运用5G通信技术对长沙县鼎功变电站实现无人机带电巡检。这是湖南泛在电力物联网建设融合5G通信技术的最新成果，也是全国首次在电网主网500千伏变电站应用“无人机+5G”完成智能巡检。

12 月，新疆金风科技股份有限公司规划建设的榆林协合智能微电网科技项目正式交付投运。该项目由陕西投资集团所属陕西省水电开发有限责任公司投资，是陕西省首个商业化兆瓦级风光储多能互补智能微电网科技项目，同时也是国内首个利用新能源电站升压站资源建设的微电网项目。